霸王花

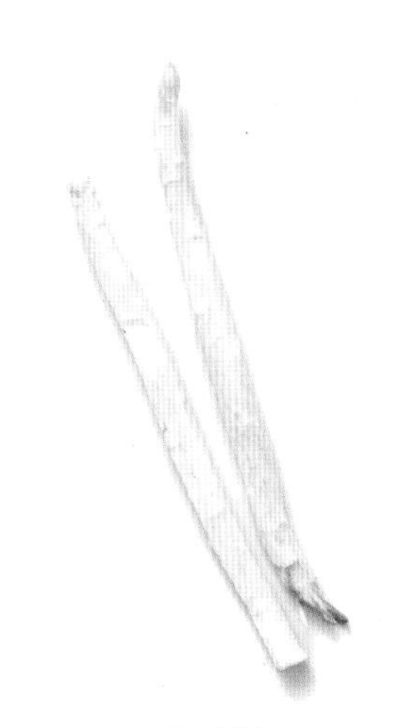

白芦笋

海葡萄

黑枸杞

黑玛卡

红桂花蜜

九品香莲

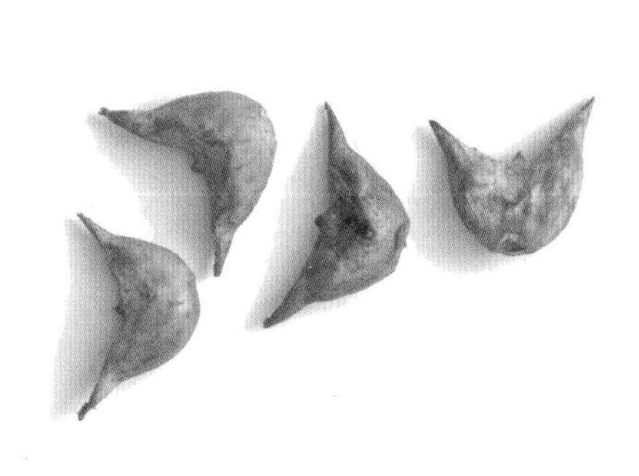

菱角

绿塔菜

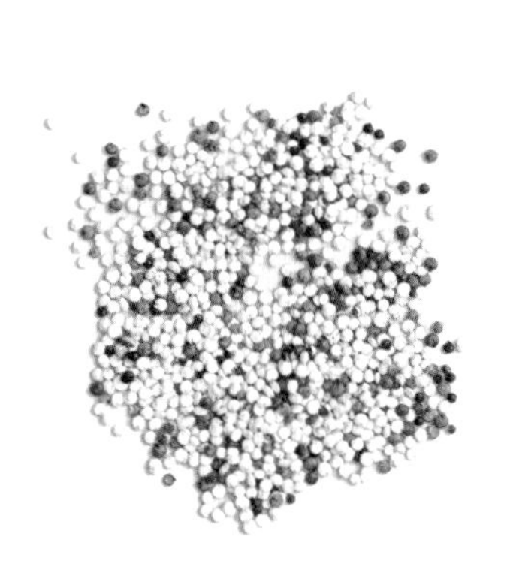

三色藜麦

石榴花

桃胶

天麻

西湖莼菜

鲜莲蓬

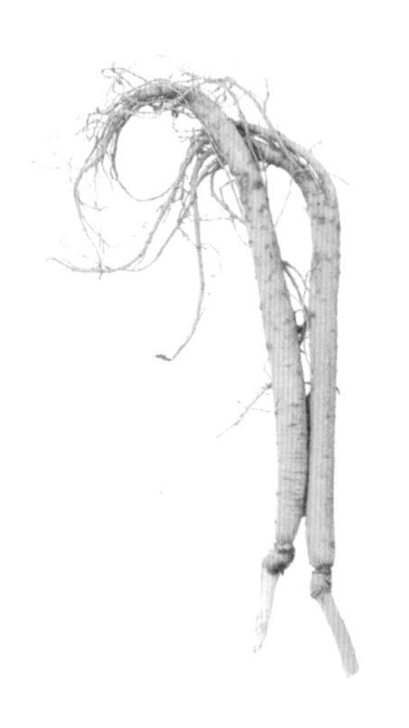

小人参

皂角米

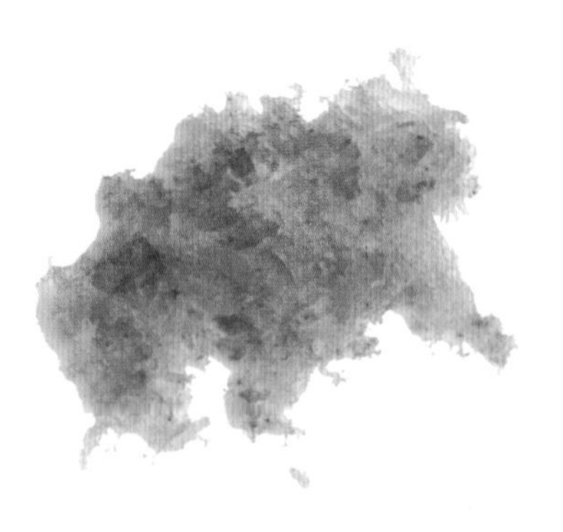

竹燕

中华素食料理

罗平 朱文彬 主编

中国轻工业出版社

图书在版编目（CIP）数据

中华素食料理 / 罗平，朱文彬主编. —北京：中国轻工业出版社，2023.3
ISBN 978-7-5184-4061-0

Ⅰ. ①中… Ⅱ. ①罗… ②朱… Ⅲ. ①全素膳食—中国 Ⅳ. ①TS972.182

中国版本图书馆CIP数据核字（2022）第121088号

责任编辑：贺晓琴　　责任终审：劳国强　　整体设计：锋尚设计
策划编辑：史祖福　贺晓琴　　责任校对：宋绿叶　　责任监印：张　可

出版发行：中国轻工业出版社（北京东长安街6号，邮编：100740）
印　　刷：鸿博昊天科技有限公司
经　　销：各地新华书店
版　　次：2023年3月第1版第1次印刷
开　　本：889 × 1194　1/16　印张：17.75
字　　数：398千字
书　　号：ISBN 978-7-5184-4061-0　定价：268.00元
邮购电话：010-65241695
发行电话：010-85119835　传真：85113293
网　　址：http://www.chlip.com.cn
Email：club@chlip.com.cn
如发现图书残缺请与我社邮购联系调换
190226S1X101ZBW

行业前辈推荐寄语

素菜是中华菜肴的一个重要组成部分。它历史悠久，早在东汉时期，就逐步发展起来。到近代便盛行全国，并形成了选料精细、制作考究、花色繁多、风格独特等优良特点，成为我国饮食业中独树一帜、别有风味的一种传统菜肴而驰名中外。蕙质兰心的厨人用大爱、禅性修行而出的素食，于杯盘中见匠心，于轻尝中得智慧。徒弟罗平便是这样一位难得的匠人。学海无涯，传承千般技艺；烹饪有道，创新百花争艳。这本书中展示的菜肴，是罗平多年来烹饪生涯闪光点的集中体现，是新时代素食与时俱进的杰出代表。

——钱以斌

味Fusion创意厨房创始人、中国国家烹饪队教练

罗平先生是现今国内既是正统素食出身，又具有当代创意敏锐思维的烹饪大师，这本《中华素食料理》是他最新的烹饪心得，他的菜品在传统中得到精髓，在创新中融会中西。本书可作为专业厨师的烹饪修本，也可作为烹饪爱好者的鉴赏书籍。

——屈浩

北京市丰台区屈浩烹饪服务职业技能培训学校校长、国际职业技能竞赛裁判员

罗平，与之相识甚久，是一位行业中的青年才俊，在今天许多年轻人还在心浮气躁的时候，能采摘天然之物，将善念、禅心、包容、淡然融入一系列食材制作过程中，然后做成一道道观之怡情、尝之悦性的素食，就更让人惊叹。从罗平的新作《中华素食料理》中，可以看出他自然简约而又不失大胆创新，清新雅致而又充满热情的风格和态度，诠释了年轻人心中对素食的新认识和新理解。

——

国家级兰明路技能大师工作室领办人、世界厨师联合会国际评委

罗平近些年沉下心来专注素食研究和料理，成立了味觉素食俱乐部并担任多家素食会所顾问，如长沙昆仑和府、福州莲花阁、慈观山房等，积累了丰富经验、把握了料理灵魂。罗平尤其擅长二十四节气新派素食，而《中华素食料理》按照二十四节气食材分门别类，便是罗平发挥之所长的产物和证明。罗平由此创作出相对应的节气美食，并通过书籍形式加以推广传播，既新颖别致又意义不凡。《中华素食料理》既有实用价值又有指导意义，该书的出版发行，让我们有理由相信，在素食餐饮领域具有继往开来、承上启下的作用。为此希望广大读者，能从中吸取营养，了解素食文化，潜心菜品创新，让烹饪事业薪火相传，美食文化生生不息。

——

重庆厨界餐饮管理有限责任公司董事长、世界中餐业联合会副主席、中国烹饪协会名厨专业委员会副会长

罗平师傅是一位有创意的青年主厨，他以匠心精神在烹饪事业上潜心研究，这本素食书籍凝聚了他对素食理解的无限创意与灵感，并以一年四季二十四节气的精选当季食材入菜，打开此书也是一场视觉与味觉的盛宴之旅，祝愿罗平师傅在烹饪事业发展的道路上更加辉煌，坚持不懈努力，为行业做出更多的卓著贡献！

——

米其林二星粤菜主厨

新时代 新餐饮 新商机

素食厨艺 素食文化 素食餐饮 素食产品供应

植物料理 植物菜系 植物味道 植物饮食产业

绿色餐饮 环保健康 大有可为 吾辈团结奋进

——

中国烹饪协会素食厨艺委员会主席

《中华素食料理》是作者素心的匠作，能让读者对素食主义者有更深刻的了解，也是餐饮与美食爱好者的工具书，值得大家品鉴。

——

中国食文化研究会养生素食委员会主任

罗平的素食选料精，制作工艺讲究！包罗万象！素食能修身养性，传承技艺，践行美食之道！成为时代的宠儿！

——李佳豪

写意新川菜领军人物、拾味季料理工作室创始人

素，不俗！素食已经逐渐成为时代潮流的生活方式之一。此书具有传统的素食底蕴，同时更具现代素食健康理念与料理表达方式。

——

极客厨房联合创始人

通过素食系列学习人生观、世界观、宇宙观等文化、哲学、技术、管理、因果伦理等。

——唐力

HareKrishna

致罗师傅与连师傅——一个人越成长，心也就会越宁静。因为每当回过头去，自己总会发现，今日之所以如此，皆因曾经走过的路。每一步都不会白白走过。因此而安心于当下。不在意困境，不害怕纷扰。甚至渐渐学会了乐在其中。这种不问前程的行走，终将走向远方。正因为有了心中这一份宁静与坚毅，才能著作出如此超然又具灵性的素食料理。恭喜你们在料理的道路上又攀升到另一个境界。

——

黄启云创意美食艺术馆主理人

在餐饮的世界中，饮食文化渊源深厚。我个人从事餐饮工作46年，秉持着尝百草的精神让饮食跟健康相辅相成。食物可以让你一口是劲，但食物也可以让你一口是病。饮食是固本强体壮的来源。所以吃对了，才是健康的起跑点。而我所认识的朱文彬厨师所出版的这一本《中华素食料理》，内容精编，拍摄精致，是一本值得收藏的料理书籍。

——雷蒙

养生美食厨艺专家

一道好的美食，是需要用心去对待，给予一个新的灵魂，记忆的传承，敢于尝试，敢于创新，在现有的餐饮业竞争激烈的环境下，作为餐饮人越来越难，但一定要坚信只要自己坚持不放弃，总会有阳光，没有做的废的事，只有不想做的事。罗平是一位肯干用心的厨师，为人比较朴实憨厚、好学，看着他一步步地努力和成长，对菜品的那种执着和坚持。为了这本《中华素食料理》，花了很长时间，看得出他对自己职业的热爱，他的创新和碰撞，给予我们新的思路和理解。

——

新东方技工学校特聘讲师、餐与厨房创始人之一

今喜闻罗平师傅潜心两年撰写的《中华素食料理》即将面世，倍感欣喜！罗师傅深耕素食料理十余年，潜心研究出一套属于自己的素食料理法则，是新生代当之无愧的素食料理大师，而背后则是他一次次地实践摸索，我相信他经历了无数次的失败，才能将精美的作品呈现在我们眼前，因为创造一道菜品，不但要有专业的烹饪知识储备，更需要专注和实践精神方能实现。这本素食料理书籍必将给大家带来更多的突破，也会为素食行业的发展添砖加瓦，留下浓墨重彩的一笔，也祝罗平师傅在素食事业上蒸蒸日上，为素食行业的发展带来更大的突破！

——

黑珍珠一钻、米其林一星双荣誉主厨

随着时代的发展，人们的生活水平也不断地提高，食客对于吃得健康养生方面要求也越来越高了。那么对于厨师烹饪这个行业也在不断提升和改变，如烹饪技术领域，有传统烹饪技术，养生素食创新，也有近些年国内烹饪行业对分子料理的认知，用到了各大酒店和餐厅中来，这就是一种创新的精神。在我从厨的这二十多年中让我感受到了很多优秀的厨师前辈和一些优秀的青年厨师们那份专注与传承和创新的精神，这就是大家常说的“坚持到底，勿忘初心”，同行之间多交流多学习，相互帮助相互成长，共同进步。祝愿我的好兄弟罗平在素食事业里蒸蒸日上，在素食烹饪事业上带来更大的突破！

——

全国分子厨艺烹饪大赛评委

愿人与动物和谐共生，愿自然万物和平共处，愿您食素的善念善行长在，愿世界和平、国泰民安、天下无疾，愿每一个生命都拥有一颗真实、善良、柔美、慈悲、智慧的欢喜心和菩提心。感恩茹素，感恩同行的您！

——马绰

成都籍画家、摄影人

致力于将素食烹饪深入研究、探索，依照二十四节气创作适时菜品，精彩绝伦，《中华素食料理》呈现出的素食更年轻化、国际化、时尚化，素食之美，值得点赞。

——叶林伟

祝贺罗师傅新书出版，通过节气素食来为中国饮食文化添砖加瓦。

——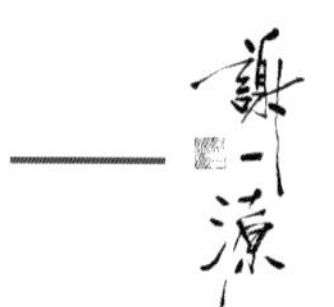

普贤堂国学馆馆长、中国食文化研究会药膳协会副会长

时令素食乃中华饮食药食同源之根；素厨匠心者也！

——傅昌

深圳市素食行业协会会长

兼容并蓄，融合创新，传承中华优秀美食文化之精髓，弘扬中华素食工匠，继往开来，素养心身！

——

新古典主义中国菜创始人、中国烹饪协会素食厨艺委员会副主席

《中华素食料理》一书中呈现了节气蔬食烹饪并辅以精美摆盘的视感，它不仅是一本写给厨房的书，更是一本记录专业素食大厨茹素心境的纪实，每每翻阅，眼前都会浮现植物在大自然和传统农耕生产时的场景。书中推荐选择应季的植物食材进行饮食搭配，如："春天吃芽，夏天吃茎，秋天吃果，冬天吃根"，饮食也随着节气的变化而变化，因而有了中医的阴阳平衡理论和饮食养生保健理论。素食饮食文化的创新发展非常重要，这本书做到了实用性和烹饪艺术相结合，食材多样性和传统饮食文化相结合。

——陈斌

联合国可持续发展ESG及碳中和行动策源督导专家、负责人、全球植物基碳中和产业园创始人

好友罗平是当今社会难得的后起之秀，他常常创作至凌晨，一步一个脚印，日积月累，乐此不疲，感恩这份素食的缘分。他深耕创作，将中国的传统二十四节气与古人饮食智慧、传统美学、山水人文、绘画艺术等让菜品从视觉、味觉、嗅觉乃至触觉等感觉巧妙对接，传承了中国的古法制作让菜品焕发生机勃勃的当代气息。祝愿首作《中华素食料理》以此为始，不忘初心，向世界诠释属于我们的东方传统美学，舌尖上的中国。

——刘炜琦

汇好健康管理咨询顾问、非遗禅茶传承传播践行者

《中华素食料理》团队简介

罗平，四川宜宾人，2008年进入餐饮行业，跟随多位餐饮界大师学习，后拜钱以斌为师，拥有近15年从厨烹饪经验，先后从事食品雕刻、川菜、粤菜、官府菜、素食料理等，擅长二十四节气东方素食料理，曾任职上海、成都、福州、长沙等多家星级酒店及素食会所总厨，2014年开始专攻素食料理领域，进行素食菜品研发与素食项目筹备。现任长沙德星楼餐饮文化管理有限公司总经理，中华二十四节气禅意素食创始人、味觉素食联盟创始人、福建省餐饮烹饪行业协会分子厨艺专业委员会副主任、多家素食会所出品顾问、世界厨师联合会队员、十大素食华人，在各大线上平台创办“厨一素食”菜品教学号。曾受邀参加《十二道锋味》《湖南电视台》《湖南时尚频道》《湖南电影频道》等美食栏目制作。

朱文彬，福州人，1997年师从多位餐饮界大师，拥有近25年的从厨经验，擅长中西餐融合料理，先后从事闽菜、粤菜、官府菜、素食料理、食品雕刻等；曾任职于福建、广州、北京、上海、广西等地多家星级酒店及私家会所总厨。中国酒店业五星名厨、法国蓝带美食骑士勋章获得者、福技中安餐饮产业学院技术副院长。曾受邀参加《中央电视台》《福建电视台》《福州电视台》《东南卫视》《湖南卫视》等美食栏目录制。曾受邀《福建青年》《福州晚报》《东南快报》《美食之窗》《中国大厨》《光大银行》等多家报刊媒体美食制作。

汤代星（锅铲居士），毕业于西南财经大学，大学毕业后一直从事川菜推广工作，受川菜泰斗史正良大师教授5年，川菜大师杜开洪义子，2019年开始跟随宫廷菜传人李鸿志大师学习宫廷菜。擅长川菜、宫廷菜和素食制作。中式烹调高级技师，川菜烹饪大师，中国御膳传承人。现任大唐厨师集团味觉研究院首席味觉师，成都味极天骄餐饮集团终生顾问，四川五丰黎红食品有限公司厨务顾问，四川川厨名门食品有限公司、四川锅铲裾士文化传播有限公司创始人。

连俊杰，现任禅意蔬食设计工作室设计总监，师承钱以斌，从厨20年。擅长融合创意，把自然界的美好在餐桌上呈现。2014年创办茶宴工作室。2017年出任迪拜素食餐厅主厨，2018年至今服务国内多家素食餐厅进行菜品研发设计，2021年初推出禅意蔬食料理及二十四节气系列菜品，2021年获得中国创新与传统厨艺大赛银奖。

辛欣贺，2019年在橄榄中国·餐厅大奖中被评为“年度健康行政总厨”。钻研素食菜品研发已有10年，擅长四季养生套餐研发、各种主题宴研发，目前研发的荷花宴、松茸宴、松露宴，得到广大顾客的一致好评，具备丰富的团队管理经验。

陈战波，2006年以来从厨之路不断精进，先后从事雕刻、糖艺、冷菜、素食料理等工作。曾任职于镇江明都大饭店、义乌天恒国际酒店、东莞祈康膳坊，现就职慈观山房。2012年第五届江苏省创新菜烹饪大赛个人“创新奖”获得者，2015年第八届中国创意美食节暨“小春杯”厨艺交流大赛“创意团队奖”获得者，2017年“翡翠石榴包”东莞钻石名菜获得者，2017年祈康集团第一届厨艺大赛团队创意“一等奖”获得者。

胡德富，男，丙寅年春生于南昌。
少存壮志，离乡闯荡，北上南下，视域渐广。
遇厨即止，清斋含光，素食天地，巧手研创。
每出新意，师友相赏，学子慕名，求教见方。
海内相邀，游弋五味，奖项迭至，美誉远扬。
然德富所好，非关功利，一心奉肴，无量滋养。
花叶根茎，谷蔬有灵，科学烹制，食以敬天。
艺素教学，行此良愿，形韵传神，盘中有象。
愿见后来，其道大光。

陈小欢，现任无为素餐厅厨师长兼店长，从厨16年。擅长融合创意。2017年担任多家素食餐厅菜品顾问，担任云南大唐原素行政总厨。2018年担任广东江门蔬宴绿色时尚主题餐厅行政总厨，2018年负责广东江门无火厨房合作素食教学及素食影视文化拍摄。

杨继亮，专注从事餐饮运营管理菜品研发实践15年。曾任职北京九华山庄、北京南航大酒店、北京中奥马哥孛罗大酒店和北京香格里拉酒店。现担任素心行政总厨、云隐餐厅餐饮顾问、密苑云顶大酒店素食料理厨务顾问和予意森国际贸易有限公司餐酒搭配顾问。2012年荣获IFBA国际餐饮协会中国原生态菜创新表演赛金奖，2021年成为中国烹饪协会会员，2021年成为中国烹饪协会素食厨艺委员会委员。

朱任强，江西人，2011年入行，做过3年荤菜，2014年转入素食行业。曾担任多家素食餐厅厨师长。现任慈观山房厨师长，善于位餐制，菜系以融合菜为主，以二十四节气的根基为辅，专研意境养生素食。曾受邀参加过《潇湘晚报》湘菜未解之谜第三十期特邀主厨。

阿军，轻蔬食创始人，轻蔬5+2逆龄轻断食首创者，公共营养师，中国首位将轻蔬食带进耶鲁大学、哈佛大学、联合国晚宴、时尚芭莎晚宴的主厨。2017年荣获十大素食华人，2018年荣获东方美食烹饪艺术家，2020年荣获良食学者，2023年将轻蔬推广到300多家餐厅、会所、健身房、瑜伽馆、学校、工厂等机构。

徐进祝，现任佛山市金鼎泰丰酒店素食餐厅厨师长。从厨20余年，2008年转做素食至今，擅长素食餐厅菜品研发、厨房管理、菜品升级培训等，先后担任国内多家高端素食餐厅的厨师长。2019年获得“中国青年烹饪艺术家”称号。

张国利，杭州食代视觉传媒公司总经理。

《中华素食料理》摄影

张国利、郑磊、刘智超、朱为、王忠宇

前言

从2008年踏入餐饮行业，至今已有15年了，很多朋友都致电说出一本分享素食烹饪经验的图书。写本书的目的，是提供一个实用、能启发灵感的工具给每一位在餐厅工作或醉心享受素食美食的人。同时也希望大家了解我们的创作过程，以及我们如何营造恰如其分的用餐体验。

我想和大家分享我的美味世界，以及二十四节气，向大家展现东方美学和素食烹饪的巧妙、有趣的结合。

多年来我和一些优秀的主厨与老师交流学习，包括屈浩、兰明路、钱以斌（我的师父）、刘波平、杨军、林浩、叶林伟、郝文杰、黄启云、黄景辉、李佳豪、梁海涛、陈志田、潘亚军、唐力、黄河、雷蒙、谢一源、马绰、傅昌等，我十分感谢他们，我知道的每一件事情都是他们教我的，他们指引我、给我力量，才会有今日的我。让我找到属于我自己的烹饪之道。

我的团队是我的灵感、我的动力、我的能量，我要特别感谢我的老搭档朱任强，我的贵人陈海波、吴奕乐以及莲花阁餐饮管理公司林坚夫妇，还有郑磊。厦门江思颖、贵州王孝云、杭州蒋晓燕、长沙查国锋等给予我莫大的支持。

我还要感谢我的太太晓容，她是我的人生伴侣也是我最信赖的工作伙伴，我们能坦诚商讨所有决策。我非常感谢我的母亲，一直以来鼓励我成长。

我由衷地感谢我们团队中的每一个人，没有你们的支持与热情，《中华素食料理》不可能面世。

筹备《中华素食料理》一书不敢说殚精竭虑也算是尽心尽力，一开始也是诚惶诚恐，忧自己浅学所编之书误导他人，有幸一路遇多位老师帮扶，才有了本书的雏形。

本书定位于国际视角面向广大受众，所用原料食材有少部分涉及蛋奶五辛，如有忌讳请包涵，烹饪时把它去掉或者换成植物型蛋奶就行！身为厨师，必须时时刻刻思考传承与创新，因此，我选择呈现在餐厅中经过市场验证过的每一道菜品，也希望借此启发你在自己厨房里创作出你自己的组合。

本书给了我继续创作的力量。持续创新，永无止境。

欢迎来到中华素食料理的世界！

罗平

2022年6月

目录

春

Spring

立春

立春是二十四节气中的第一个节气。每年2月3日至5日，太阳到达黄经315°时为立春。“立”是“开始”的意思，立春是天文意义上春天的开始。立春之后，万物复苏、生机勃勃，四季交替，周而复始。

雨水

雨水是二十四节气中的第二个节气，一般从公历2月18日或19日开始，到3月4日或5日结束。此时，气温回升、冰雪融化、降水增多，故而称为雨水。

惊蛰

惊蛰是二十四节气中的第三个节气，古称“启蛰”，此时，太阳运行到黄经345°。此时大地回暖，长江流域天公作雷，雷声震动，万物萌动，大部分地区进入春耕季节，花鸟树木更是春意盎然。

春分

“春雨惊春清谷天”，二十四节气中的第四个节气春分，是春季九十天的中分点。春分是比较重要的节气，这一天太阳直射地球赤道，南北半球昼夜平分。春分比较明显的特征是大部分地区杨柳青青、莺飞草长，小麦拔节、油菜花香，桃红李白迎春黄，华南地区更是一派暮春景象。

清明

每年在农历三月初一前后（公历4月4～6日），太阳到达黄经15° 时为清明节气。清明时节的物候特征是：“桐始华，田鼠化为鴽，虹始见，萍始生。”清明花信为：“一候桐花，二候麦花，三候柳花。”

谷雨

二十四节气中的第六个节气是谷雨，也是春季的最后一个节气。此时太阳到达黄经30°，雨水增多，有利于谷类农作物的生长。谷雨后降水增多，浮萍开始生长，布谷鸟追逐鸣叫，提醒人们播种，戴胜鸟落在桑树上，养蚕即将开始。谷雨时节正值暮春，是牡丹花开的重要时段，因此，牡丹花也被称为“谷雨花”，民间有“谷雨三朝看牡丹”的说法。

苔痕上阶绿，草色入帘青

青苹果醋胶囊拌阳光时蔬苗

设计灵感 | 万物复苏的季节，各种嫩苗条先迎春。嫩苗蕴藏着春意，我们设计这道菜品是想用味蕾迎接春天的到来。

食材

苹果醋20毫升
青苹果半个
菠菜汁5毫升
杏仁酥皮壳1个
芒果酱3克
草莓酱2克
各类小时蔬苗共50克
青豆5克

料理工艺

1. 将苹果醋与青苹果（去皮去核）、菠菜汁打成汁，加一点菠菜让颜色更绿，做成胶囊备用。
2. 将杏仁酥皮壳放入烤箱中，用上下火160℃烤制6分钟取出。
3. 将青苹果胶囊放在酥皮壳上，各类小时蔬苗洗净摆放在胶囊边上，用青豆、芒果酱和草莓酱装饰即可。

胶囊制法

1. 将打好的汁加入一定比例的乳酸钙和黄原胶，装入挤瓶中，放入冰箱中冷藏消泡。
2. 将挤瓶中的原料挤入胶囊勺中，然后放入海藻胶水中（海藻胶5.5克加水1000毫升，用高速搅拌棒打匀），沉淀5秒钟左右捞出放入清水里存放备用。

酥皮壳制法

将植物黄油100克、低筋面粉60克、白砂糖15克、高筋面粉10克和柠檬汁2毫升拌匀压成薄皮，反复压至面皮失去筋力，放在模具上，放入烤箱用上下火160℃烤至定型微黄即可取出。

美味品鉴

用手轻拿起酥皮壳，手握春天嫩芽入口，感受春天的气息。

锦绣花园

设计灵感　满园春色是喜悦和享受的，我们想把这种春天的喜悦用菜品传达给这道菜的食用者，一起来感受春天的味道。

食材

鹰嘴豆20克
淡奶油8毫升
牛奶5毫升
植物黄油3克
洋葱2克
百里香2克
吉利丁片2片
甜菜根粉5克
牛油果半个
栗子泥5克
芒果8克
土豆15克
黑松露酱2克
鹰粟粉3克
鸡蛋清2克
杏鲍菇15克
莲藕3克
糖醋汁5克

料理工艺

1. 鹰嘴豆泥：鹰嘴豆泡水一晚，放入蒸柜蒸熟，取出加淡奶油和牛奶打成泥。锅上火，倒入植物黄油，再加入洋葱、百里香炒香，倒入鹰嘴豆泥调味，放入泡好的吉利丁片（三分之一片）拌匀，取出倒入圆形模具中成形。卷上由吉利丁片和甜菜根粉制成的皮即可。
2. 牛油果卷：牛油果切片摆整齐，放在保鲜膜上，中间先将栗子泥挤在牛油果片上，再将芒果切粒放在栗子泥上，然后卷好成圆柱形即可。
3. 松露土豆枕：土豆用刨片机切成薄片，洗去淀粉，两面刷上鹰粟粉，将两片土豆用蛋清黏合，放入锅中炸至空心脆即可，中间放入制好的土豆泥，再放上黑松露酱即可。
4. 糖醋杏鲍菇排骨：将杏鲍菇煮熟，切成小块，将莲藕切条穿入杏鲍菇过油，放入糖醋汁裹匀即可。

糖醋汁配方

白醋1.5升，大红浙醋420毫升，OK汁670克，喼汁100毫升，番茄膏3克，番茄沙司500克，冰片糖1.5千克，冰糖0.5千克，酸梅酱500克，生抽250毫升，味精、盐少许，山楂片0.5千克，薄皮青辣椒2个，红曲粉10克。

美味品鉴

在品鉴这道菜品时，可以先吃鹰嘴豆泥，感受酸甜丝滑的口感，再吃牛油果卷，然后吃松露土豆枕，入口酥脆，内馅绵滑奶香，最后吃糖醋杏鲍菇排骨打开味觉。

蔬果黑椒猴头菇排

设计灵感　猴头菇特有的质感与黑椒汁进行搭配，形成了一道特有的植物版黑椒牛排。

食材

鲜猴头菇500克
地瓜粉150克
鸡蛋150克
老姜8克
白胡椒粉3克
生抽10毫升
糖15克
青笋、马蹄、金瓜、炫纹甜菜根各1克
三色堇1朵
甜菜根苗8根
植物黄油10克
蔬果黑椒汁20克

料理工艺

1. 将猴头菇放入锅中煮40分钟后捞出去蒂，拧去多余的水分，加入地瓜粉、鸡蛋液、老姜、白胡椒粉、生抽和糖拌匀腌制1小时。
2. 将腌好的猴头菇放入方形托盘中压紧，放入蒸柜蒸40分钟取出凉凉，切片备用。
3. 锅中放入植物黄油，下猴头菇片，煎至两面金黄，淋上蔬果黑椒汁，配上青笋、马蹄、金瓜、炫纹甜菜根片，用三色堇和甜菜根苗装饰即可。

蔬果黑椒汁制法

食材：植物黄油120克，黑胡椒碎40克，西芹30克，胡萝卜40克，洋葱20克，苹果20克，番茄膏25克，红酒30毫升，蔬菜清汤500毫升。

做法：锅内放植物黄油，下洋葱碎炒至透明色，改小火，下黑胡椒碎、苹果和番茄膏炒香，倒入红酒、蔬菜清汤、西芹、胡萝卜熬制10分钟，捞出渣，勾芡调味即成蔬果黑椒汁。

美味品鉴

用刀叉划开黑椒汁，让黑椒汁流出包裹住猴头菇，然后慢慢品鉴。

菠菜汁浸荷仙菇

设计灵感｜龟的造型，在古今都是长寿的象征。将菜品设计以龟的造型呈现，承载着对健康长寿的祝福。

食材

鲜菠菜100克
荷仙菇100克
鲜薄荷叶10克
清汤200毫升
海盐2克
白胡椒粉1克
老姜2克

料理工艺

1. 将菠菜和薄荷叶洗净分别焯水后冰镇，然后将菠菜和薄荷叶一起放入搅拌机中加水打成汁，过滤备用。
2. 将过滤好的汁，撇去浮沫，倒入清汤，用海盐、白胡椒粉、老姜调味，放入锅中煮开。
3. 将荷仙菇焯水后清炒放入菠菜汁中即可。

【知识百科】

荷仙菇又名花瓣菇，是一种药食兼用的大型真菌，含有十分丰富的多糖。近年来由于它有免疫调节、提高造血功能等功效，而逐渐成为研究的热点。

美味品鉴

春季碧绿的蔬菜汁配上脆嫩的荷仙菇，感受春天的纯粹与静谧。

藜麦春卷佐青瓜雪芭

设计灵感 春卷是这个时节的体现，是传统民俗文化的呈现与传承，这道菜品设计时将当季食材作为内馅，外面包裹着藜麦，让口感更加多重化。

食材

春卷皮1张
青瓜1根
鸡蛋1枚
时令蔬菜30克
藜麦（蒸熟）6克
蟹味菇5克
脆皮糊50克
金针菇5克
黑芸豆1个
杏仁片5克
淡奶油20毫升
柠檬汁10毫升
白砂糖10克

料理工艺

1. 将时令蔬菜炒好，用春卷皮卷好裹上蛋液脆皮糊、粘上藜麦，放入油锅中炸至金黄。
2. 将金针菇、蟹味菇炸脆切碎垫底，放上炸好的藜麦卷，用蒸熟的黑芸豆装饰。
3. 将青瓜切碎加柠檬汁、白砂糖、淡奶油打成汁，放入液氮盆中，边加液氮边搅匀成泥状，用尖勺挖出橄榄形成青瓜雪芭。
4. 杏仁片垫底，上面放上青瓜雪芭即可。

— 美味品鉴 —

在品鉴时，先吃藜麦春卷，一口感受满足的感觉。然后吃青瓜雪芭，感受清口且清爽的感觉。

双味春笋

设计灵感 破开的笋尖，就像两只小船荡漾在湖面，让人进入到愉悦放松的心境。

食材

春雷笋1根
芽菜20克
杏鲍菇粒20克
姜末2克
花椒3~5粒
白糖3克
素高汤50毫升
蘑菇精2克
辣椒粉1克
盐2克
生抽2毫升
老抽2毫升
黑松露酱2克
雪梨丝3根
花生油15毫升
葱白3克

料理工艺

1. 油焖春笋：锅中倒入花生油，下葱白、姜末、花椒粒，放入焯过水的春笋煎香，下白糖炒溶化，用生抽、老抽、素高汤、盐、蘑菇精调味，收汁即可，放上黑松露酱。
2. 芽菜春笋：将芽菜洗净去沙，挤干水分入油锅，下姜末、杏鲍菇粒炒香，放少许辣椒粉和芽菜一起炒香调味，取出。将春笋焯水后冰镇，在春笋内部空节处填入炒好的芽菜杏鲍菇料，然后放入蒸柜蒸10分钟取出装盘，放上雪梨丝即可。

美味品鉴

一口江南油焖春笋的厚重，再一口家乡芽菜春笋的思恋，甚是美哉。

禅意菌菇丸子

设计灵感　将烹饪与东方禅意花道进行双重挖掘和巧妙融合，以达到情感的创造和表达。

食材

杏鲍菇100克
生粉20克
鸡蛋20克
三色藜麦25克
马蹄15克
五香辣椒面5克
脆炸粉5克
盐2克
白胡椒粉1克
姜粒2克

料理工艺

1. 将杏鲍菇煮熟切片，吸干水分，与生粉、鸡蛋、姜粒、盐和白胡椒粉拌匀，放在保鲜膜上，中间放马蹄粒包好，放入蒸柜蒸5分钟定型成丸子，取出备用。
2. 将三色藜麦蒸熟，放入烤箱，用上下火100℃烤1小时。
3. 将脆炸粉加蛋液调成脆炸糊，丸子裹上脆炸糊，再粘上烘干的三色藜麦，放入中油温锅中炸至表面脆香即可。
4. 将菌菇丸子插入插花瓶中，搭配五香辣椒面即可。

美味品鉴

先观其境，然后取出菌菇丸子蘸上叶上的五香辣椒面品尝。

酥皮甜菜根塔塔

杏仁海苔脆片香椿豆腐

青酱口蘑

松露珍菌春卷

前菜四品

设计灵感 | 这款菜品设计是以自然木元素为主轴，原木桩、小木盒、木片、树叶为器皿，呈现质朴与纯粹。

杏仁海苔脆片香椿豆腐

食材1

海苔6片，杏仁150克，蛋黄1个，脆皮粉20克，白胡椒粉1克，水10毫升，盐1克。

食材2

红香椿10克，嫩豆腐30克，香油3毫升，盐2克。

料理工艺

1. 将食材1中的脆皮粉、蛋黄、水、白胡椒粉和盐调成脆皮糊，取一片海苔，用刷子均匀地刷上脆皮糊，再均匀地撒上薄薄的一层杏仁片，再取一片海苔，两面均匀地刷上脆皮糊，再撒上杏仁片，一共做出十层，用保鲜膜包好，用重物压30分钟至紧，再放入蒸柜中蒸30分钟，取出放凉，最后放冰箱急冻备用。用时取出切薄片，放入油锅中炸至微黄香脆捞出吸油即可。
2. 将食材2中的香椿煮熟后放冰水中冰镇，然后取出挤干水分切碎，与嫩豆腐拌匀，加香油和盐调味即成香椿豆腐。
3. 将香椿豆腐用勺子挖成橄榄形放在炸好的脆片上即可。

酥皮甜菜根塔塔

食材

酥皮壳1个，甜菜根50克，浓缩橙汁20毫升，白胡椒粉1克，草莓酱5克，沙拉酱8克。

料理工艺

将甜菜根切粒加浓缩橙汁、白胡椒粉一起拌匀蒸制8分钟取出，与草莓酱、沙拉酱拌匀，放入酥皮壳内即可。

松露珍菌春卷

食材

金针菇30克，冬菇15克，菜心粒10克，黑木耳5克，牛肝菌10克，春卷皮1张，湿淀粉5克，盐1克，蘑菇精1克，黑松露酱2克。

料理工艺

1. 将菌菇过油，与焯水后的菜心和黑木耳一起入锅，加入盐和蘑菇精炒成咸鲜味，勾薄芡即可。
2. 用春卷皮将炒好的料包裹好，用湿淀粉粘好，入油锅炸至金黄捞出吸油，放上黑松露酱即可。

青酱口蘑

食材

口蘑1个，罗勒叶150克，松子150克，腰果150克，帕玛森干酪30克，大蒜10克，黑胡椒碎2克，柠檬皮碎2克，盐2克，橄榄油6毫升，鲜柠檬片2片，纯净水200毫升。

料理工艺

1. 将口蘑去菌柄和伞底黑纹，放入柠檬水中浸泡5分钟备用。
2. 将剩余的食材放入搅拌机中打成罗勒青酱。
3. 将浸泡好的口蘑改刀装盘，将罗勒青酱淋在口蘑上即可。

美味品鉴

先吃一口杏仁海苔脆片香椿豆腐感受春天的气息，再依次品尝酥皮甜菜根塔塔、松露珍菌春卷，最后再以青酱口蘑收尾，一首春天的开场曲由此演绎。

薏米山药浓汤菠菜脆片

设计灵感　雨水养生要注意增强脾胃运化功能，防止湿气的产生，中医认为薏米山药可以祛湿健脾，顺应节气养生。

食材

铁棍山药200克
薏米20克
菠菜20克
枸杞5克
大枣20克
核桃10克
盐2克
牛奶15毫升
白砂糖10克
清汤500毫升

料理工艺

1. 将山药去皮洗干净，用挖球器挖出球形，和剩余的山药一起蒸熟后取出。
2. 将剩余的山药加牛奶和清汤一起放入料理机中打成汁倒入锅中，放薏米和枸杞一起煮开，加山药球和盐一起调味即可。
3. 将菠菜焯水放入料理机，加入白砂糖打成泥，平刮在不粘油纸上，放入烘干机用55℃烘干3小时即可。
4. 将大枣去核，核桃放在中间用大枣卷好用保鲜膜包好。放入蒸柜蒸20分钟取出卷好切片即可。

美味品鉴

吃完一碗暖暖的山药薏米汤，再吃配在旁边的红枣卷。

松露桃胶蒸蛋

设计灵感 松露的香与蒸蛋的滑嫩完美组合，再用蛋壳做盛具，呈现原汁原味的感觉。

食材

鸡蛋1枚
黑松露片2克
桃胶2克
盐1克
松露油1毫升
复制酱油2毫升
素清汤120毫升

料理工艺

1. 将鸡蛋和素清汤按1：2.5的比例调好过滤出来，加盐调味。
2. 鸡蛋用开蛋器开口，将蛋壳内外清洗干净，倒入调好的蛋液至八分满，用锡纸包好蛋蒸10分钟取出，滴入松露油。
3. 将复制酱油、加热过的桃胶和黑松露片点缀在上面即可。

美味品鉴

用小勺舀起蒸蛋和桃胶放入口中，伴随着松露独特的香味，享受美妙的感觉。

点心四拼佐老白茶

设计灵感 在素食料理中，采用茶点的形式来呈现点心，配以茶水，回归饮食的基本形式。

蘑菇包

食材

中筋面粉200克，酵母2克，可可粉8克，黏米粉4克，白莲蓉20克，清水100毫升。

料理工艺

1. 将面粉、酵母加清水搅拌揉成团，包上保鲜膜醒发30分钟。
2. 将醒发好的面团搓揉排气，分割成10克/个的剂子，将其擀成皮包入白莲蓉制成蘑菇包生坯。
3. 将可可粉和黏米粉加水调匀抹在生坯表面。
4. 生坯醒发15分钟，用大火足汽蒸8分钟即可。

土豆包

食材

低筋面粉350克，温牛奶220毫升，白糖15克，酵母4克，玉米面50克，豆沙馅300克，可可粉、熟黏米粉适量。

料理工艺

1. 将温牛奶、白糖、酵母倒入装有面粉和玉米面的盆中，用筷子搅拌成絮状，用力揉成面团，然后加盖醒发。
2. 将豆沙馅搓成25克/个的小丸子。
3. 将发酵好的面团分割成50克/个的剂子，然后擀成圆皮，包上豆沙丸子，包好后整理成土豆形。在生坯上戳一些不规则的小孔，加盖醒发30分钟。
4. 将醒发好的生坯上笼屉，用旺火足汽蒸25分钟。
5. 将可可粉和熟黏米粉混合拌匀，制成“泥土”备用。
6. 将蒸好的土豆包粘上“泥土”即可。

韭菜盒子

食材

中筋面粉200克，温水116毫升，韭菜250克，鸡蛋2枚，盐、色拉油适量。

料理工艺

1. 将韭菜切碎，鸡蛋炒成碎块后凉凉。
2. 在韭菜中倒入色拉油拌匀，再放入鸡蛋碎，加盐调匀成馅。
3. 用温水和面做成面团，切出剂子，将剂子擀成面皮，包入馅，对折封口捏出花边成韭菜盒子生坯。
4. 在电饼铛中倒入油，将韭菜盒子烙至两面金黄即可。

萝卜酥

食材

水油面：低筋面粉250克，高筋面粉50克，椰子油75毫升，素黄油20克，冷水110毫升，鸡蛋1枚。
干油酥：低筋面粉250克，椰子油125毫升。
馅心：白萝卜丝200克，素火腿末10克，小葱5克，盐3克，蘑菇精2克，白糖1克，香油15毫升。
装饰料：芝麻50克。

料理工艺

1. 馅心调制：将萝卜丝焯水后，挤干水分与馅心剩余食材拌匀成馅心。
2. 制干油酥：用手将面粉和椰子油擦匀成干油酥。
3. 制水油面团：将水油面的食材和匀成水油面团。
4. 用水油面团包上干油酥按扁，用擀面杖将其擀成6毫米厚的大面片，随后叠成三层，再擀成大面片，再叠三层，重新擀平，由外向里卷成长条筒，用刀将长条顺长一剖为二，切口朝下，分割成40克/个的剂子。
5. 将剂子擀成圆形面皮，包上馅心收口，做成萝卜酥生坯。
6. 将生坯粘上芝麻下油锅炸制成熟。

美味品鉴

一杯老白茶，一口土豆包
一杯老白茶，一口萝卜酥
一杯老白茶，一口蘑菇包
一杯老白茶，一口韭菜盒子

兰香子花生豆腐

设计灵感　家乡的花生豆腐永远是记忆中的美味，以此来怀念对家乡的向往与感谢，在菜品中更加入了家乡的竹燕窝来搭配，营养价值也非常高。

食材

红皮花生500克
嫩豆腐2块
松子（烤香）50克
金瓜200克
鸡蛋10枚
竹燕窝5克
纯牛奶200毫升
生粉40克
盐10克
兰香子2克
清汤50毫升

料理工艺

1. 将红皮花生浸泡一晚去皮加牛奶打匀，过滤掉花生渣成牛奶花生汁备用。
2. 将牛奶花生汁和嫩豆腐一起打匀，再加蛋清和生粉，加盐调味再打匀成花生豆腐。
3. 将打好的花生豆腐倒在托盘中，放入蒸柜蒸20分钟，取出放凉后用模具压出形状备用。
4. 金瓜去皮蒸熟加松子打成泥。
5. 将金瓜泥和清汤倒入锅中加盐调味，勾薄芡装入盘中。将蒸好的花生豆腐放入金瓜汁内，豆腐上放上蒸好的竹燕窝，用泡发的兰香子点缀即可。

【知识百科】

竹燕窝，又名竹菌、竹花、竹菇，是一种名贵的真菌类食品。它是一种特殊的嫩竹寄生虫食用竹汁，残留的竹汁经适宜的温度和水分生长出来的真菌，同时汲取竹汁、竹虫的营养，虫竹菌共生。其形味似燕窝，口感润滑，营养价值堪比燕窝。

美味品鉴

可以吃一口原味的花生豆腐，感受花生独有香味，和底部的金瓜泥一同拌匀来食用，风味更浓郁。

五行五色养五味

设计灵感　五行学说是中国古代的一种朴素的唯物主义哲学思想，它用木、火、土、金、水五种物质来说明万物的起源和多样性的统一。人分五脏，和于五行。这里通过菜品设计对应五行属性。

食材

小青瓜5片
莲藕5片
卤水猴头菇3片
胡萝卜丝6克
越南春卷皮1张
黑芸豆（用糖水蒸软）1个
青豆5粒
有机小西红柿1个
去皮瓜子仁2克
杏鲍菇片（炸）6克
自制五香辣椒面20毫克
寿司酱油10毫升
青芥末1克
陈醋10毫升
东古酱油10毫升
青红辣椒圈各1克
白糖1克
盐2克
沙拉酱2克
蘑菇精1克
香油2毫升
银杏1颗
香槟啫喱5克

料理工艺

1. 将越南春卷皮用水泡软取出，放上胡萝卜丝卷好，改刀成形。
2. 将有机小西红柿开底部，用勺子将内部掏空，填入瓜子仁和杏鲍菇片，挤入沙拉酱，在表面淋上香槟啫喱。
3. 将寿司酱油和青芥末调匀淋在青瓜片上，将陈醋、东古酱油、青红辣椒圈、盐和白糖调匀，淋在春卷胡萝卜上。
4. 将莲藕片焯水冰镇，用蘑菇精、盐和香油调成咸鲜味备用装盘。
5. 将卤水猴头菇底部蘸上辣椒面装盘，用青豆、黑芸豆和银杏点缀。

香槟啫喱制法

香槟100克和卡拉胶2克煮化调匀即可。

【知识百科】
《黄帝内经》中有五色养五脏之说，即青色养肝、红色补心、黄色益脾胃、白色润肺、黑色补肾。

美味品鉴

在食用时可以依次按照五行、五脏、五色的顺序（水、火、木、金、土）来吃，享受酸甜苦辣咸之人生百味。

柳弄东风，恰吐黄金蕊

玉米胚芽小嫩豆

设计灵感 将一片小白菜叶子烘干后，看起来很像蝉翼，轻盈漂亮，与菜品搭配，引发一些想象的空间。

食材

玉米胚芽30克
小嫩豆15克
娃娃菜叶1片
琥珀核桃1颗
小西红柿1个
蘑菇精1克
盐0.5克
橄榄油少许

料理工艺

1. 将娃娃菜叶用小火慢煮10分钟，取出吸干水分，放在烘干机中用55℃烘烤4小时备用。
2. 将玉米胚芽和小嫩豆分别焯水备用。
3. 锅中倒入少许橄榄油，将玉米胚芽和小嫩豆分别炒好，分别加盐和蘑菇精调味。
4. 取圆形模具，先将炒好的玉米胚芽垫底，再放上炒好的小嫩豆，用模具压实定型，取走模具，上面放琥珀核桃仁和切成片的小西红柿，最后盖上娃娃菜叶。

美味品鉴

叶子薄脆，入口酥脆，再吃隐藏在下面的食材。

炝炒石榴花

设计灵感　将石榴花作为食材，用炝炒的烹调方法让石榴花的香气散发出来，让食用者能感受石榴花的魅力。在选用石榴花时，最好选用雄花，雌花处理不好容易老。

食材

石榴花200克
芦笋30克
百合10克
泡椒10克
生抽5毫升
盐3克
醋5毫升
糖1克
蘑菇精2克
姜、蒜各5克
葱10克
香油2毫升
素清汤20毫升
湿淀粉2克
色拉油15毫升

料理工艺

1. 将姜、蒜切片，葱切末，泡椒切马耳朵状，芦笋切粒。
2. 锅中加入素清汤烧开，加入生抽、盐、醋、糖、蘑菇精、湿淀粉、香油调成碗芡。
3. 锅中倒入色拉油，下泡椒、葱、姜、蒜炒香，再下焯过水的石榴花和芦笋、洗干净的百合，倒入碗芡拌匀出锅装盘即可。

【知识百科】

石榴花具有药用价值，有清热止血的功效。

美味品鉴

在品味石榴花时，能闻到花香，吃起来咸香可口，带有一丝苦味。

试君眼力看多少，数到云峰第几重

酱烧羊肚菌

设计灵感 | 将菜品以水墨画的形式呈现，让食用者能感受到古典山水画的魅力。

食材

食材1

鲜羊肚菌2颗
鸡头米10克
大葱白8克
姜3克
土豆1个
黑松露3克
葱油8克
蚝油3克
生抽2毫升
盐2克
白砂糖1克
生粉2克
素清汤50毫升

食材2

杏鲍菇20克
金针菇10克
马蹄10克
鸡蛋10克
生粉3克
葱姜末各2克

料理工艺

1. 将鲜羊肚菌洗净沙粒，焯水备用。
2. 将杏鲍菇切丝，金针菇切段，放入锅中炸至金黄。
3. 将炸好的菌菇丝与食材2中的其他食材拌好，装入裱花袋中，挤入羊肚菌内，放入蒸柜蒸2分钟取出。
4. 鸡头米加入盐蒸熟，土豆切丝炸好备用。
5. 锅中放入葱油，将大葱白和姜煎香，倒入素清汤和食材1中的其他调味料调味，放入羊肚菌烧制2分钟勾芡。
6. 将鸡头米放入锅中微炒，放入盘中垫底，放上烧好的羊肚菌，再用炸好的土豆丝和黑松露装饰即可。

【知识百科】

羊肚菌是珍稀食药兼用菌，其香味独特，营养丰富，富含多种人体需要的氨基酸和有机锗。

美味品鉴

可以先食用香糯的羊肚菌，将余下的酱汁拌着鸡头米吃，感受丰富的口味。

海苔椰汁豆腐

设计灵感 | 这道菜品中采用了福建的槟榔芋，其香糯回甘，与豆腐、海苔搭配，风味层次得到了很好的提升。

食材

食材1

老豆腐1块
槟榔芋50克
山药20克
藕15克
马蹄15克
椰浆30毫升
鸡蛋1枚
牛奶30毫升
生粉20克
五香粉3克
蘑菇精5克
盐2克

食材2

板栗5克
腰果10克
松子5克
金瓜50克
海苔1片
椰浆20毫升
素清汤50毫升
蘑菇精2克
盐1克

食材3

牛肝菌15克
小青豆8克
脆皮糊8克
酱油2毫升

料理工艺

1. 将食材1中的槟榔芋、山药、藕和马蹄10克切粒，加入椰浆、鸡蛋、牛奶、生粉，与碾碎的老豆腐拌匀，加五香粉、蘑菇精和盐调味，放入蒸柜中蒸15分钟成椰汁豆腐，取出放凉后切成长方形。
2. 将食材2中的板栗、腰果、松子烤香，和蒸好的金瓜、椰浆、素清汤一起放入搅拌机中打成金瓜汁，过滤后倒入锅中烧开，加蘑菇精和盐调味即成椰汁金汤。
3. 将海苔刷上脆皮糊，包好椰汁豆腐放入锅中炸香即可。
4. 将剩余马蹄切粒焯水垫底，放上炸好的海苔椰汁豆腐。
5. 将牛肝菌与小青豆加酱油炒香，放在海苔椰汁豆腐上面。
6. 将椰汁金汤倒入即可。

【知识百科】

福建的槟榔芋主要是指福鼎槟榔芋，其在福鼎市栽培已有近300年历史。福鼎槟榔芋表皮呈棕黄色，芋肉为乳白色带紫红色槟榔花纹，易煮熟，熟食肉质细、松、酥，浓香可口，风味独特，食不厌口，营养丰富。

美味品鉴

用勺子一口挖下，放入口中，品味芋头的糯香。而椰汁的清香与海苔的味道相互融合在一起，很是美妙。

五彩窝窝头

设计灵感　甘肃敦煌飞天中，五彩的衣袖是那么的美，给人留下了深刻的印象，现在用五彩窝窝头来表达那种美。

食材

低筋面粉500克
水250毫升
酵母50克
泡打粉10克
可可粉8克
抹茶粉8克
甜菜根粉8克
白玉菇30克
盐2克
糖3克
泡豇豆30克
青红辣椒粒共10克
野山椒5克

料理工艺

1. 将低筋面粉加水、泡打粉、酵母和面发酵，分成4份，其中3份分别加入可可粉、抹茶粉、甜菜根粉揉匀至光滑。
2. 分别将4种面团用压面机压成薄片，再切成长面片，将4种颜色的面片依次叠好卷在棍子上，放入醒发箱醒15分钟，上笼蒸15分钟后取出棍子即成窝窝头。
3. 将白玉菇切粒过油炸至金黄备用。
4. 将泡豇豆切粒，放入锅中炒香，下野山椒、青红辣椒粒和白玉菇粒，加盐和糖调味出锅，装入窝窝头里即可。

美味品鉴

窝窝头搭配着酸豆角馅，品味质朴的味道。

牛油果沙拉小食

设计灵感 将日常生活中的冰淇淋与沙拉进行组合，改变沙拉的装盘形式，将冰淇淋的脆筒作为盛器皿。

食材

牛油果1颗

沙拉酱15克

竹炭脆筒1个

料理工艺

1. 牛油果对开去核。
2. 用勺子取出果肉，切成粒。
3. 将沙拉酱与牛油果粒拌匀，装入竹炭脆筒中，摆盘即可。

沙拉酱制法

丘比沙拉酱500克、柠檬汁20毫升和炼乳30克调匀即可。

美味品鉴

用竹炭脆筒盛装牛油果沙拉，感受竹炭脆筒与牛油果带来的味蕾碰撞。

能量煎蛋

设计灵感 生活是有趣且顽皮的，这道看起来像煎蛋一样的甜品，就能欺骗你的感觉。

食材

椰汁12毫升
芒果250克
白砂糖3克
果冻粉3克
海藻胶5.5克
乳酸钙5.5克
纯净水1115毫升
黑芝麻（烤香）1克

料理工艺

1. 将芒果去皮切块加乳酸钙、白砂糖、纯净水100毫升，一起打匀过滤成芒果泥备用。
2. 将海藻胶和纯净水1015毫升搅拌成海藻胶水，冷藏去泡备用。
3. 将椰汁加果冻粉煮开，倒入盘中冷却凝固成椰汁冻。
4. 将芒果泥装入挤瓶中，挤进胶囊勺子中成形，放入海藻胶水中静置10秒取出成芒果蛋，放入清水中备用。
5. 将做好的芒果蛋放在椰汁冻上，撒上黑芝麻装饰即可。

美味品鉴

先吃一口爆浆溏心蛋黄，再吃椰汁做的蛋冻，满是惊喜。

芦笋

设计灵感 用食物来造景堆砌，台阶青苔的场景是自然纯净的表达。

食材

绿芦笋5根
黄瓜1根
小嫩豆20克
菠菜粉1克
时蔬苗2根
橙汁西米2克
清汤10毫升
盐2克
黄原胶2克
牛奶15毫升
橄榄油3毫升
白胡椒粉0.1克

料理工艺

1. 将4根芦笋去皮，放入锅中用橄榄油煎熟，再加入白胡椒粉、牛奶、清汤和盐调味，放入料理机中加入黄原胶与菠菜粉打成芦笋酱。
2. 将黄瓜切成薄片，叠成瓦楞状，用圆形模具压成圆片，切成半圆片备用。
3. 将小嫩豆焯水备用，取剩余的1根芦笋尖去皮焯水备用。
4. 将黄瓜半圆片垫底，放上芦笋尖，再放上小嫩豆、橙汁西米，挤上芦笋酱，插上时蔬苗装饰即可。

美味品鉴

用芦笋尖蘸着芦笋酱一起吃，感受芦笋尖的脆嫩与芦笋酱的绵滑。

黑松露薄脆温泉蛋时蔬

设计灵感｜在意大利游学的时候，在当地的一个小餐厅用餐，一道黑松露玉米粥和黑松露蒸蛋很是美味、质朴，打破了松露高高在上的感觉，其实这样朴实无华的搭配也很美味与接地气，这里将黑松露刨成薄片后再烘干成脆片与温泉蛋搭配更有一番风味。

食材

鲜黑松露1颗
土鸡蛋1枚
绿芦笋尖2个
小青豆10克
海盐2克
奶油芥子酱30克

料理工艺

1. 将新鲜黑松露刨片，放入烘干机中用45℃烘干成薄脆备用。
2. 将土鸡蛋放入低温机中，用58℃的温度烹饪46分钟成温泉蛋。
3. 将芦笋去皮焯水摆盘，放上小青豆，再放上温泉蛋，撒上海盐碎，放上松露薄脆，再淋上奶油芥子酱即可。

奶油芥子酱配方

淡奶油125克，芥子酱10克，青芥末2克，牛奶20毫升，蘑菇精5克。

美味品鉴

很少有人尝试过松露脆片与温泉蛋的搭配，一匀混合入口，温泉蛋的滑嫩与松露脆片的脆香搭配令人难忘。

剁椒白灵菇

设计灵感　将湖南的剁椒与白灵菇进行搭配，突破了白灵菇的传统做法。

食材

白灵菇4个
鸡蛋6枚
魔芋条15克
笋尖2片
香菜2克
姜蒜各20克
大青泡椒100克
小青泡椒20克
大红泡椒100克
小红泡椒15克
生粉20克
素清汤200毫升
酱油3毫升
蘑菇精2克
盐2克
大豆油100毫升
熟银杏1颗

料理工艺

1. 将泡椒全部切碎，姜、蒜切碎。锅中倒入大豆油，下泡椒碎、姜蒜碎炒出香味，再下素清汤，加入酱油、蘑菇精、盐调味，收汁后即成泡椒酱。
2. 将魔芋条、笋尖焯水，魔芋条撒上泡椒酱备用，上笼蒸15分钟装盘。
3. 将白灵菇用高压锅压熟，改刀成长方形再切花刀，用蛋液腌制1小时后，拍生粉炸至金黄，撒上泡椒酱备用。
4. 将笋尖垫底，白灵菇放在笋尖上，放入蒸柜蒸15分钟装盘。
5. 用香菜和银杏点缀即可。

美味品鉴

在食用时，用刀叉切开白灵菇，感受白灵菇紧致的菇肉，和开胃的剁椒结合，体验不一样的感觉。

菠菜汁冲酿鲜竹荪

设计灵感　碧绿的湖面犹如墨绿色的一幅画，我们将自然风景转化成盘中的意境。

食材

鲜竹荪1根
菠菜500克
豆腐30克
杏鲍菇15克
牛奶20毫升
淡奶油10毫升
海苔1片
盐2克
生粉2克
马蹄5克

料理工艺

1. 将杏鲍菇切丝，油炸至金黄，与压碎的豆腐、切粒的马蹄调味，加生粉调匀成馅。
2. 将馅装入裱花袋中，挤入冲洗干净的竹荪中。海苔切丝后将竹荪绑成藕状，放入蒸柜蒸15分钟，取出装盘。
3. 将菠菜洗净焯水，冰镇后放入料理机中打成汁，加牛奶和淡奶油烧开加盐调味，倒入盘中即可。

【知识百科】

竹荪营养丰富，香气浓郁、滋味鲜美。竹荪含有丰富的氨基酸、维生素、无机盐等，具有滋补强壮、益气补脑、宁神健体的功效。

美味品鉴

鲜竹荪与蔬菜汁一起食用，感受春天的味道。

青衣佛时蔬

设计灵感 这道菜品是将肠粉皮做出丝绸纱巾的状态，盖在食材上面，达到菜品朦胧的美感。

食材

鸡头米50克
百合10克
红黄彩椒各10克
芦笋10克
菠菜50克
生粉10克
糯米粉50克
蘑菇精2克
盐1克
橄榄油8毫升

料理工艺

1. 将鸡头米加盐调味蒸熟取出备用。
2. 将芦笋、红黄彩椒切粒，百合洗净备用。
3. 锅中倒入橄榄油，下入鸡头米和焯水后的芦笋、红黄彩椒、百合炒匀，加盐、蘑菇精调味，倒出放入盘中。
4. 将菠菜焯水放入料理机中打成汁，过滤加生粉、糯米粉调匀放入蒸盘中蒸2分钟取出，用小刀割出一小片，盖在盘中食材上面即可。

美味品鉴

可以用筷子夹起肠粉皮包裹着食材一起吃，增加娱乐性和参与感。

青团艾草

设计灵感 吃青团是清明时节重要的习俗，这里将传统的青团进行了改良，加入了更加丰富的馅料，在上桌时撒上艾草粉。

食材

艾叶50克
糯米粉100克
牛奶40毫升
澄面粉30克
白砂糖5克
腰果20克
栗子泥20克
松子5克
花生碎5克
开水40毫升
纯净水30毫升
艾草粉2克

料理工艺

1. 将艾叶焯水冲凉，捞出和纯净水一起放入料理机中打成汁，过滤剩余的渣，取艾叶汁。
2. 将糯米粉和澄面粉用开水烫成雪花状，再加入艾叶汁和白砂糖、牛奶搅拌均匀和成面团，分割成20克/个的剂子。
3. 将腰果、松子、花生碎和栗子泥一起搅拌成馅，分成15克/个的馅。
4. 将剂子按扁，包入馅揉圆，蒸15分钟即可。
5. 装盘后撒上艾草粉即可。

美味品鉴

上面撒的是烘干的可食用的艾草粉，在清明节气吃青团，感受满口的香气。

和风手卷

设计灵感　菜品中选用的海苔是福建的，是将海藻烤熟后，经过调味处理后，变成了质地脆嫩、入口即化的海苔。用海苔包裹好时蔬和坚果形成卷状，方便食用。

食材

大叶生菜1片
水果青瓜丝6克
胡萝卜丝6克
雪梨丝5克
小西红柿半个
沙拉酱10克
素肉松3克
琥珀核桃半个
海苔1片

料理工艺

1. 将海苔片放入吐司机中烘脆。取出放上生菜叶，再依次放上青瓜丝、胡萝卜丝和雪梨丝。挤上沙拉酱，撒上素肉松、琥珀核桃和半个小西红柿。
2. 将海苔片对叠卷好，放入锡纸筒中装盘。

美味品鉴

手握手卷，一口下去，感受海苔的香味与时蔬、坚果融合的味道。

粉蒸猴头菇

设计灵感｜小时候妈妈经常在厨房里面炒大米，加一些香料炒完打成粉末蒸肉吃，现在自己做素食料理后，发现猴头菇肉质紧致，与米粉一起拌匀蒸制后味道更加美味。

食材

猴头菇300克	蘑菇精1克
糯米200克	花椒粉3克
黏米100克	香菜3克
姜5克	大豆油30毫升
鸡蛋1枚	八角2克
豆瓣酱10克	桂皮2克
酱油5毫升	香叶2克
盐1克	小茴香2克
白砂糖20克	荷叶1片

料理工艺

1. 将猴头菇卤熟切小块备用。
2. 将糯米、黏米、八角、桂皮、香叶、小茴香用中火炒至微黄色取出放凉，放入料理机中打成米粉备用。
3. 锅中倒入大豆油，下豆瓣酱炒酥，取红油备用。
4. 猴头菇加入酱油、盐、白砂糖、蘑菇精、花椒粉、米粉、红油、姜末、鸡蛋、香菜一起拌匀。放入荷叶中包好放入蒸柜蒸20分钟即可。

美味品鉴

打开荷叶，夹一块猴头菇入口，感受猴头菇的紧致肉感。

峨眉山月半轮秋，影入平羌江水流

翡翠时蔬卷

设计灵感 该菜品的灵感来自对生活做减法，原来做菜品总想往里面添加更多的元素，现在回归到本元。所以菜品设计呈现的都是极简的风格。

食材

大包菜1棵
鲜虫草花3克
菜心5克
竹毛肚5克
炸金针菇3克
素清汤50毫升
橄榄油8毫升
茭白6克
胡萝卜3克
黑木耳2克
黄豆15克
生粉2克
蘑菇精2克
盐1克

料理工艺

1. 将素清汤和泡好的黄豆放入蒸柜中蒸1小时，取出成素黄豆汤。
2. 大包菜取1片叶子，焯水后冰镇备用。
3. 将竹毛肚、菜心、胡萝卜和黑木耳切丝焯水，锅中倒入橄榄油，下切丝的食材、虫草花和金针菇，调成咸鲜味，勾薄芡备用。
4. 用包菜叶子将炒好的食材卷住，用刀将包菜卷两头切整齐备用。
5. 将素黄豆汤取出加蘑菇精和盐调味，倒入碗中，将茭白切粒焯水后放入素黄豆汤中垫底，再放入包菜卷即可。

美味品鉴

翡翠卷入口后能感受饱满的内馅和食材本身味道的绵长，最好再来一口时蔬黄豆汤。

食趣

设计灵感 | 儿时都憧憬有一个什么都能变出来的百宝箱，这里用美食百宝箱呈现各式美食。

美味品鉴

在眼花缭乱的美食面前，逐个品鉴其中的美味。

柠檬泡芙

食材

食材1：植物黄油65克，牛奶60毫升，低筋面粉65克，水60毫升，白砂糖10克，鸡蛋2枚。

食材2：低筋面粉16克，牛奶60毫升，蛋黄1个，植物黄油10克，柠檬汁20毫升，白砂糖30克。

料理工艺

1. 将食材1中的水、牛奶、白砂糖与植物黄油放入锅中，用中火加热搅拌至融化、冒气泡，转小火。
2. 将食材1中的低筋面粉倒入锅中快速搅拌均匀，关火，放至微凉后分3次加入鸡蛋液，搅匀成面糊，装入裱花袋中，挤在不粘垫上，入烤箱，用上下火180℃，烤制20分钟出炉放凉成泡芙壳备用。
3. 将食材2中的蛋黄加入白砂糖，用手动打蛋器搅拌至糖溶化，筛入低筋面粉，混合均匀成蛋糊。
4. 将食材2中的牛奶煮开，一边搅动蛋糊，一边慢慢倒入牛奶，煮拌至稠状。关火后加入植物黄油拌匀吸收，然后加入柠檬汁全部拌匀，装入裱花装中，挤入烤好的泡芙壳中即可。

脆皮土豆泥

食材

糯米粉150克，白砂糖5克，冷水70毫升，食用油50毫升，泡打粉2克，食粉1克，土豆2个，牛奶30毫升，淡奶油25毫升，盐1克，洋葱2克，黑松露酱2克，马蹄2片，百里香2克，白胡椒粉0.1克，植物黄油15克，素清汤150毫升。

料理工艺

1. 取糯米粉50克加冷水10毫升和成面团，然后下剂子放入开水中，大火煮至浮起，再继续煮1分钟，捞出冲凉加入糯米粉100克、泡打粉、食粉、白砂糖和冷水60毫升一起拌匀，搓成脆皮球生坯。
2. 锅中倒入食用油，烧至三成热，下脆皮球生坯，浸炸至油温升至五成热，炸至内部空心、表皮变硬即可捞出。
3. 将土豆蒸熟制成土豆泥。
4. 锅中放入植物黄油，下洋葱碎、百里香炒香，再下土豆泥炒香，倒入素清汤、牛奶与淡奶油、加入盐和白胡椒粉调味至浓稠时，出锅过滤备用。
5. 将调味后的土豆泥装入裱花装中，挤入脆皮球中，放上马蹄片与黑松露酱即可。

酥皮青豆

食材

食材1：低面筋粉100克，普通面粉200克，白砂糖3克，盐2克，水150毫升，起酥油100克，椰子油60毫升。

食材2：小嫩豆100克，牛奶30毫升，淡奶油20毫升，盐1克，白胡椒粉0.1克，洋葱2克，植物黄油15克。

料理工艺

1. 将食材1中的食材全部拌匀成面团，用压面机压成光滑的面片。
2. 将面片用圆形模具压成圆形小面片，放在小号锡纸托上，入烤箱，用上下火165℃烘烤10分钟后取出成酥皮壳。
3. 将食材2中的植物黄油放入锅中，用小火将洋葱、小嫩豆80克炒香，倒入牛奶、淡奶油，加盐、白胡椒粉调味，取出放入料理机中打成小嫩豆奶酱。将剩余的小嫩豆20克焯水备用。
4. 将小嫩豆奶酱挤在酥皮壳中，撒上小嫩豆即可。

樱桃山药

食材

山药400克，樱桃酱200克，白糖20克，吉利丁片2片，炼乳60克，淡奶油100毫升，牛奶200毫升，果冻粉10克，混合坚果碎10克。

料理工艺

1. 将山药去皮放入蒸柜中蒸30分钟，取出后放入料理机中，加入牛奶、白糖、炼乳和泡好的果冻粉打匀制成山药泥备用。
2. 将淡奶油打发至八成，与山药泥拌匀，挤入小号圆形模具中冷却定型成山药球。
3. 将樱桃酱蒸熟，与用开水隔水融化的吉利丁片水拌匀成樱桃酱汁，冷却到30℃左右。
4. 取出山药球，用樱桃酱汁挂三次汁，粘少许坚果碎即可。

提拉米苏盆栽

设计灵感 一直想把提拉米苏以更有趣的方式呈现，一次无意间看见塔壳突然就产生了灵感，把塔壳做成花盆的形状，然后再将提拉米苏做好放进去呈小花盆形状，给人以不一样的视觉感。

食材

食材1

黑巧克力100克
淡奶油50毫升
吉利丁粉5克

食材2

蛋黄4个
糖粉65克
白糖130克
吉利丁片4片
马斯卡彭奶酪500克
淡奶油250毫升
黑朗姆酒8毫升
黑芝麻200克
松子20克
腰果30克
时蔬苗2根
芒果粒20克

料理工艺

花盆壳

1. 将黑巧克力隔水融化，加入用冰水泡开的吉利丁粉融化，冷却到浓稠刚能流动的状态。
2. 将淡奶油打发，加入黑巧克力拌匀，倒入花盆壳模具中冷冻定型成花盆壳，取出即可。

提拉米苏

1. 将蛋黄、糖粉、白糖50克和吉利丁片混合后隔水加热搅匀至60℃时成蛋黄糊。
2. 将淡奶油打发至七成，与马斯卡彭奶酪拌匀成奶油糊。
3. 将蛋黄糊和奶油糊混合拌匀加入黑朗姆酒，拌匀后放入花盆壳中，放芒果粒，冷藏定型成提拉米苏。
4. 将白糖80克在锅中炒至溶化，放入黑芝麻、松子、腰果炒匀，取出放凉，放入料理机中，打碎成坚果土备用。
5. 将提拉米苏取出，撒上坚果土，用时蔬苗和芒果粒装饰即可。

美味品鉴

在食用时，先将提拉米苏内馅吃完，最后才吃花盆壳。

笋韵霉菜

设计灵感　外婆做的霉干菜是儿时记忆中最好吃的美食，本菜品的设计凭着一些模糊的记忆希望复原外婆的味道。

食材

糯米5克
杏鲍菇100克
笋粒10克
霉干菜50克
胡萝卜5克
盐1克
生抽5毫升
甜菜根粉3克
姜末3克
生粉2克
香油2毫升
熟银杏1颗

料理工艺

1. 将杏鲍菇放入高压锅压熟后，表皮抹甜菜根粉，切成长条薄片。
2. 将霉干菜泡发控干水分，热锅下油，下姜末、笋粒和霉干菜，加盐和生抽调味后炒熟，勾芡淋香油起锅。
3. 将炒好的霉干菜塞入锥形模具中，再放入蒸熟的糯米，取出定型后的糯米霉干菜。
4. 将切好的杏鲍菇片一层一层包裹在糯米霉干菜上，放在餐盘中放入蒸柜蒸20分钟取出即可。
5. 用胡萝卜丁和银杏装饰即可。

美味品鉴

在食用时将杏鲍菇与霉干菜一起食用更美味，能感受到笋、霉干菜、杏鲍菇的融合风味。

松茸菊花豆腐

设计灵感 | 这道菜品中的菊花豆腐较为常见，这里在原有的基础上，加入了松茸调制的清汤，提升了菜品层次。

食材

松茸2片
姬松茸2根
虫草花2克
菜心1棵
豆腐1块
素清汤80毫升
海盐2克
枸杞1粒

料理工艺

1. 将豆腐切成菊花状成菊花豆腐。
2. 将素清汤、松茸、姬松茸和虫草花放入蒸柜蒸2小时，取出加海盐调味成松茸清汤。
3. 将松茸清汤放入餐具中，再放入切好的菊花豆腐，放入蒸柜蒸15分钟，取出备用。
4. 放入焯水后的菜心和枸杞点缀即可。

【知识百科】

松茸性平、味甘，归肾、胃经。有强身益智、健胃润肠、理气化痰、止痛驱虫的功效。

美味品鉴

在食用时先欣赏蜕变后的豆腐，如菊花般美丽，一勺松茸清汤与豆腐搭配更显原汁原味。

三色麻辣小面

设计灵感　小面是重庆的特色，重庆人对于小面的感情是难舍难分的。这里将面条设计成三种颜色，呈现丰富的色彩，将小面的料汁放入盘中，用来蘸食。

食材

南瓜面35克
菠菜面35克
紫薯面35克
葱油5克
芽菜5克
红油辣子10克
油酥花生米5克
生抽10毫升
陈醋2毫升
白糖1克
小葱2克
素清汤200毫升
生姜末4克
蒜末4克
榨菜5克
芝麻酱3克
花椒面3克
白胡椒粉2克
白芝麻1克

料理工艺

1. 将芽菜洗净切末，与切末的榨菜一起炒香。
2. 将姜蒜末用烧开的清汤冲出姜蒜水，再放入所有调料调匀备用。
3. 锅中水烧开后调成中火，下面条煮熟后控水倒入盆中。
4. 在面条中加葱油拌匀，用筷子卷成形，放在盘上，再淋上酱料即可。

美味品鉴

将面条与调料一起拌均匀，感受麻辣鲜香的冲击。

香椿煎蛋

设计灵感 香椿煎蛋是这个时节的美味，是一道家常菜。在原有的基础上加上香椿粉、天妇罗、香椿进行搭配，让美味再升级。

食材

土鸡蛋2枚
鲜香椿芽20克
香椿粉2克
橄榄油8毫升
红椒15克
白糖1克
竹盐2克
香油2毫升
天妇罗脆炸粉5克
姜汁1毫升

料理工艺

1. 将鸡蛋打散，取香椿芽15克洗净焯水，冰镇后切碎，与鸡蛋一起搅拌均匀，去除表面浮沫。
2. 锅内倒入橄榄油，放入圆形模具，将鸡蛋液倒入圆形模具内煎至两面金黄取出。
3. 将天妇罗脆炸粉加鸡蛋黄搅拌均匀无颗粒即成脆皮糊，将剩余洗干净的香椿芽挂上脆皮糊，放入油锅中炸至金黄即可。
4. 将红椒加白糖蒸熟打成泥，加竹盐、香油、姜汁搅拌均匀，搭配在旁边点缀，再撒上香椿粉装饰即可。

美味品鉴

在食用这道菜品时，要先闻其味，感受香椿的香味，再食香椿煎蛋，最后再吃天妇罗香椿芽。

立夏

立夏是农历二十四节气中的第七个节气，也是夏季的第一个节气，此时太阳到达黄经45°。立夏意味着季节转换，夏天即将开始。人们习惯上认为立夏之后温度会升高，暑热将至，雷雨增多，此时全国大部分地区的平均气温在18～20℃，农作物进入生长旺季，很多地方槐花正开。

小满

每年5月20日至22日，太阳到达黄经60°时，是二十四节气之小满节气的开始，小满的含义即夏熟作物的籽粒开始灌浆饱满，但还未成熟。小满三候是：一候苦菜秀；二候靡草死；三候麦秋至。此时苦菜繁茂，那些枝条细软的喜阴植物在强烈日照下枯萎，百谷进入成熟期。

芒种

二十四节气中的第九个节气是芒种，每年6月6日前后，太阳到达黄经75°时芒种节气开始。芒种是一个反映农业物候现象的节气，“芒”字指麦类等作物的收获，“种”字是指谷黍类作物的播种，“芒种”二字表明一切作物都在“忙种”了，是农事最为繁忙的时节。

夏至

夏至是二十四节气中的第十个节气。每年6月21日或22日是夏至日，此时太阳直射地面的位置到达一年的最北端，几乎直射北回归线，此时北半球的白昼最长，且越往北越长。古时夏至日，人们通过祭神以祈求灾消年丰。

小暑

小暑是二十四节气中的第十一个节气，每年公历7月7日或8日，太阳到达黄经105°时为小暑。小暑意为天气开始炎热，但还没到最热。《月令七十二候集解》记载："六月节……暑，热也，就热之中分为大小，月初为小，月中为大，今则热气犹小也。"我国古代将小暑分为三候："一候温风至；二候蟋蟀居宇；三候鹰始鸷。"小暑时节，大地上不再有一丝凉风，风中都带着热浪。

大暑

每年7月22日至24日之间，太阳到达黄经120°时为大暑节气。大暑是二十四节气中的第十二个节气，此时正值二伏前后，是一年中最热的时节。"大暑""小暑"都是反映夏季炎热程度的节气，"大暑"表示炎热至极。大暑三候为："一候腐草为萤；二候土润溽暑；三候大雨时行。"古人认为萤火虫是腐草变成的，大暑时，萤火虫卵化而出；天气开始闷热，土地变得潮湿；时常有大的雷雨出现，致使暑湿减弱，天气开始向立秋过渡。

青葱酱猴头菇佐酸菜宽面烧椒酱

设计灵感 在一道菜品中，呈现两种不同风味的酱，品味个中味道。

食材

鲜猴头菇500克
生粉51克
地瓜粉100克
鸡蛋9枚
盐8克
蘑菇精10克
青葱酱5克
烧椒酱20克
低筋面粉350克
高筋面粉150克
竹炭粉1克
酸菜100克
杏鲍菇粒30克
姜葱末各2克
炸过的金针菇20克
大豆油10毫升
百香果汁5毫升

料理工艺

1. 将猴头菇煮水2小时，稍微拧干水分，加入生粉、地瓜粉、鸡蛋3枚、盐和蘑菇精拌匀，用模具卷成圆柱形，放入蒸柜中蒸30分钟至定型，取出改刀成段，放上青葱酱。
2. 黑白宽面制作：将低筋面粉、高筋面粉和鸡蛋6枚拌匀成面团，取1/3的面团加入竹炭粉，拌匀成黑色，将黑白面团用压面机分别压成薄片，将黑色的面片切成小条状，贴在白色面片上面压紧，放入锅中煮熟捞出。
3. 酸菜馅制作：将酸菜焯水切碎，挤干水分，锅内倒入大豆油，下姜葱末和煮好的杏鲍菇粒、酸菜、金针菇一起炒香，加盐调味，加生粉勾芡即成酸菜馅。
4. 将酸菜馅放入黑白面皮中，用保鲜膜包成圆柱形，放入蒸柜蒸3分钟取出成酸菜宽面。
5. 在盘中放入猴头菇、烧椒酱和酸菜宽面，淋入百香果汁即可。

烧椒酱制法

食材：青二荆条250克，豆豉25克，生菜籽油150毫升，酱油100毫升，醋30毫升，蒜末10克，糖10克，葱花5克。

做法：锅上火放少许油，放青二荆条段快速炒出焦皮状，下豆豉炒香，取出剁碎，加入其他调料拌匀，发酵半小时，挖成橄榄形即可。

青葱酱制法

食材：青葱50克，色拉油20毫升，盐2克，糖1克。

做法：将青葱切细，油烧热浇在青葱上，放入料理机中打成青葱酱，调入盐、糖即可。

美味品鉴

在食用时，用刀叉将猴头菇切开蘸上烧椒酱一起吃，然后再吃酸菜宽面，很有仪式感。

条桑初绿即为别，柿叶半红犹未归

山药小西红柿

设计灵感　假作真时真亦假，真作假时假也真，是这道菜品的精髓。将山药和樱桃酱做成小西红柿的形状呈现出来。

食材

山药300克
樱桃酱200克
甜菜根粉3克
牛奶60毫升
淡奶油100毫升
白糖140克
串番茄枝杆1根
吉利丁片5片
水20毫升

料理工艺

1. 将吉利丁片用冰水泡软备用。
2. 将山药去皮蒸熟过后取出，加牛奶、白糖和吉利丁片2片，一起放入料理机中打成山药酱。
3. 将淡奶油打发至七成，与山药酱拌匀，然后挤入球形模具中冷冻成形即成山药球。
4. 将樱桃酱、甜菜根粉、水和吉利丁片3片一起煮开，凉凉到30℃左右。
5. 取出山药球，挂上樱桃酱，放在盘中，放上串番茄枝杆装饰即可。

美味品鉴

食用时可先观其形，吃时用果叉，感受别样的小西红柿。

清汤竹荪蛋

设计灵感 这道菜品创新地采用了竹叶水，将竹味水与竹荪、竹荪蛋结合，以新的搭配方式呈现给食客。

食材

鲜竹荪蛋1颗
鲜竹荪10克
盐2克
竹叶10克
素清汤200毫升

料理工艺

1. 将竹荪蛋焯水去外皮，鲜竹荪剪成小段一起放入汤盅备用。
2. 将素清汤加竹叶炖1小时后倒出成竹叶素清汤。
3. 将竹叶素清汤倒入汤盅再炖1小时，加盐调味即可。

美味品鉴

在食用时可先喝汤，感受竹叶的清香。

白芦笋温泉蛋

设计灵感 | 天空中的白云总是这么美丽，将看见的风景转换成盘中的风景，一次偶然的搭配，温泉蛋与白芦笋像极了云朵，因此便创造了这道菜。

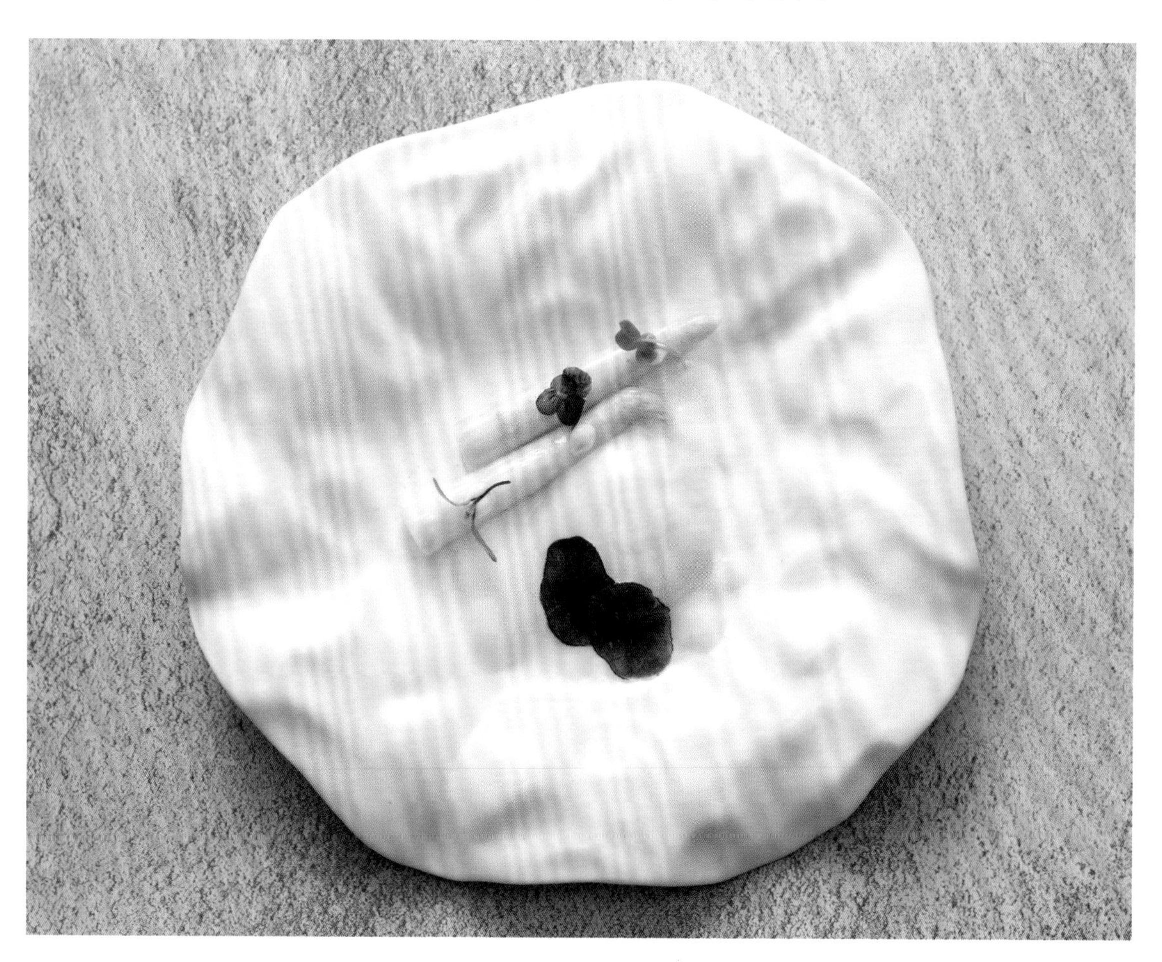

食材

白芦笋2根
土鸡蛋1枚
黑松露2片
土豆15克
海盐2克
淡奶油10毫升
牛奶10毫升
松露油3滴
松露酱1克

料理工艺

1. 白芦笋和土鸡蛋分别加海盐装入真空袋，放入低温机中，用67℃的温度煮70分钟成温泉蛋。
2. 土豆蒸熟打成泥放入锅中，加入牛奶、淡奶油用小火加热，放入海盐和松露酱调味，煮至浓稠时关火成松露土豆酱。
3. 将松露土豆酱放入盘中，再放入温泉蛋、白芦笋和黑松露片，滴入松露油即可。

美味品鉴

入口感受温泉蛋的滑嫩与白芦笋的爽脆，伴随阵阵的松露香味，让人回味无穷。

金汤藜麦时蔬

设计灵感　新疆板栗南瓜与时蔬、藜麦的结合，营造出金边明月的意境。

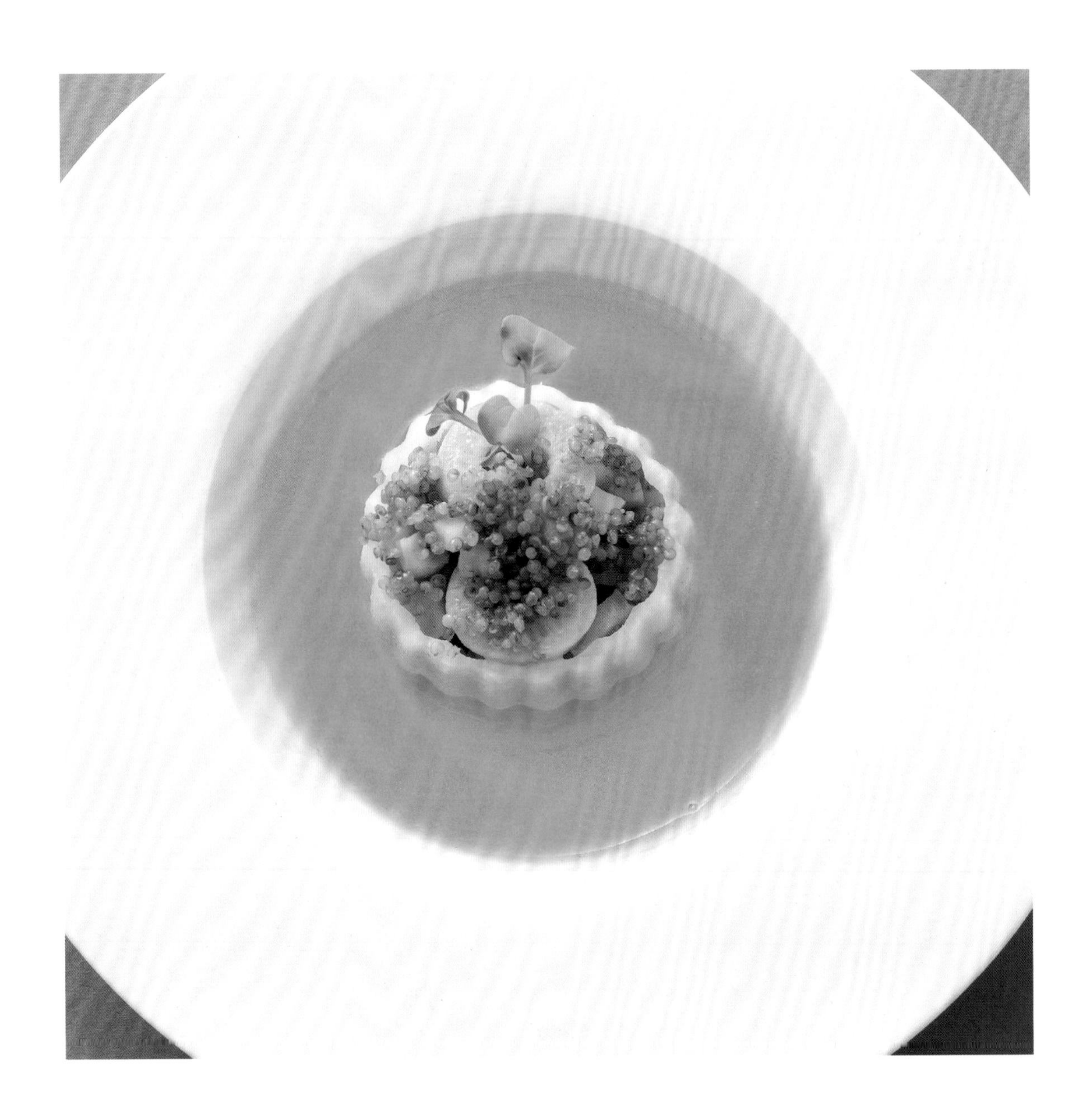

食材

藜麦8克
淮山50克
竹荪15克
松子5克
青豆10克
玉米10克
胡萝卜5克
马蹄5克
金瓜20克
盐2克
蘑菇精2克
素清汤20毫升

料理工艺

1. 将淮山去皮用模具压出圆圈形，放入蒸柜蒸熟备用。
2. 将藜麦蒸熟备用。
3. 将胡萝卜、马蹄、竹荪切粒后加青豆、玉米一起焯水，捞出后炒熟加盐和蘑菇精调味备用。
4. 金瓜去皮切片蒸熟和烤香的松子一起打成泥，放入锅中加入素清汤，加盐和蘑菇精调味后成金汤汁。
5. 淮山圈放在盘中间，再将炒好的胡萝卜、马蹄、竹荪放在里面，撒上蒸熟的藜麦，将金汤汁淋入盘中即可。

美味品鉴

用勺子将时蔬藜麦与金汤汁拌匀一起品鉴。

竹筒饭

设计灵感　这道菜品的创意来自云南的竹筒饭，这里是以素食制作，清香美味。

食材

糯米80克
黏米30克
青豆10克
玉米粒10克
胡萝卜粒10克
鲜香菇10克
灰树花10克
姬松茸5克
松茸2克
葱油10克
盐2克
蘑菇精2克
酱油5毫升
素清汤30毫升

料理工艺

1. 将香菇、灰树花、姬松茸和松茸切粒，过油炸至金黄。
2. 将糯米、黏米用清水浸泡30分钟，捞出控水备用。
3. 将糯米、黏米拌匀加入菌菇粒、胡萝卜粒、玉米粒、青豆，加入酱油、盐、蘑菇精、葱油拌匀，倒入竹筒中，加入素清汤后用锡纸包裹好，放入蒸柜蒸30分钟即可。

【知识百科】

灰树花，俗称“舞菇”，是食、药兼用蕈菌，夏秋间常野生于栗树周围。子实体肉质，柄短呈珊瑚状分枝，重叠成丛，其外观，婀娜多姿、层叠似菊；其气味，清香四溢、沁人心脾；其肉质，脆嫩爽口、百吃不厌。

美味品鉴

打开竹筒，米饭被竹膜所包，香软可口，有香竹之清香和米饭之芬芳。

西湖龙井滑白玉

设计灵感 | 这道菜品的设计灵感来源于龙井虾仁，这里将白灵菇与龙井茶搭配，以素食的形式呈现给食客。

食材

春卷1张
白灵菇20克
绿芦笋10克
杏鲍菇10克
番茄酱3克
山楂1克
绿茶粉0.2克
蛋清1个
生粉2克
龙井茶叶1克
胡椒粉0.1克
盐1.5克
橄榄油5毫升
蘑菇精1克

料理工艺

1. 用圆柱形模具将春卷卷好放入锅中，炸至金黄定型，取出模具，吸油备用。
2. 将白灵菇与杏鲍菇切条煮熟至软，挤掉多余的水分，用蛋清、胡椒粉和盐一起腌制。
3. 将绿芦笋切条备用，龙井茶叶用热水泡出茶汤备用。
4. 将腌制好的白灵菇与杏鲍菇拍生粉，滑油备用。
5. 锅内倒入橄榄油，下芦笋与滑好油的菌菇，加蘑菇精调味，用茶汤和生粉调成碗芡，淋入锅中炒匀出锅。
6. 将泡水后的山楂蒸软与番茄酱打成番茄山楂酱。
7. 将番茄山楂酱挤入盘中，撒上绿茶粉，将炒好的食材装入炸好的春卷筒中，装盘即可。

美味品鉴

用筷子敲破脆皮，品尝龙井茶与白灵菇的味道。

灌汤菌皇包

设计灵感　灌汤包发源地在北宋都城东京（今开封）。以丰富的菌菇为馅料，用灌汤包的形式呈现。

食材

灌汤食材

银耳200克
松茸15克
牛肝菌15克
杏鲍菇20克
白玉菇10克
松茸粉5克
吉利丁片2片
盐1克
蘑菇精2克
姜2克

汤包皮食材

高筋面粉300克
盐3克
冷水75毫升
开水75毫升
白糖1克

料理工艺

1. 将银耳泡水洗净，加水和姜片一起放入高压锅中压制30分钟关火，焖30分钟取出过滤掉银耳渣，留浓稠的银耳汁备用。
2. 将松茸、牛肝菌、杏鲍菇和白玉菇切碎焯水，沥干水，放在锅中煎香备用。
3. 将煎香的菌菇、银耳汁和松茸粉拌匀，加盐和蘑菇精调味，加入隔水融化的吉利丁片拌匀成馅，放入冰箱冷藏至果冻状。
4. 将汤包皮食材分成两份：一份取高筋面粉150克加盐1.5克与冷水75毫升拌匀成面团。另一份取高筋面粉150克加盐1.5克、白糖1克与开水75毫升迅速拌匀成花絮状。
5. 将两份面团一起揉匀后，盖上湿布发酵30分钟。再分成30克/个的剂子，擀薄成面皮。
6. 将面皮包入馅料封口，蒸熟即可。

美味品鉴

吃灌汤包时，先喝汤，再吃馅，最后吃皮。

清心柠檬冻

设计灵感 | 用柠檬来表达酸甜的青涩味道，是这道菜品的灵魂。

食材

黄柠檬半个
薄荷叶2片
小青橘1个
纯净水100毫升
苹果醋5毫升
蜂蜜5克
白糖5克
吉利丁片2片

料理工艺

1. 将切片的柠檬、小青橘、薄荷叶和水一起小火煮10分钟，捞出食材关火，在汤汁中加入苹果醋、白糖、蜂蜜搅拌均匀后，放入泡好的吉利丁片成柠檬冻水。
2. 将柠檬冻水倒入模具中至二分之一处，放冰箱冷藏凝固，放煮熟的柠檬片，再倒入柠檬冻水至模具满，冷藏至凝固取出装盘即可。

美味品鉴

用小勺盛起柠檬冻，放入口中感受柠檬的清香与酸甜。

牛油果雪燕

设计灵感 每次吃牛油果都是拌着沙拉和酸奶吃，一直觉得牛油果肉如冰淇淋般丝滑，后来尝试把牛油果肉打成泥，再搭配上冰清玉洁的雪燕，呈现不一样的味道。

食材

牛油果2个
老酸奶100克
淡奶油50毫升
糖15克
雪燕35克

料理工艺

1. 将牛油果取果肉与淡奶油、老酸奶和糖一起打成泥，过滤备用。
2. 将雪燕用纯净水泡发一晚上，去掉杂质。
3. 将牛油果泥用裱花袋挤入盘中放上雪燕即可。

美味品鉴

将雪燕与牛油果泥拌匀入口，感受独有的丝滑口感。

木瓜酸汤荷仙菇

设计灵感 一直觉得木瓜的酸很独特，所以把木瓜先腌制发酵制成酸木瓜，然后用酸木瓜来调制成木瓜酸汤，酸味独特清香。

食材

荷仙菇60克
老坛酸菜30克
红心木瓜25克
青红椒各5克
花生油20毫升
素清汤100毫升
生姜5克
黄椒酱10克
盐2克
生粉2克

料理工艺

1. 将酸菜冲洗干净切碎，生姜切片，青红椒切圈，红心木瓜去皮放入蒸柜蒸熟取出，放入料理机中打成泥。
2. 锅内倒入花生油，下酸菜、姜片炒香，下黄椒酱炒香，下素清汤，加盐调味。熬出味后，下青红椒圈，煮3分钟过滤出料渣，下木瓜泥拌匀，勾芡即成木瓜酸汤。
3. 将荷仙菇焯水取出，锅里倒入少许油，下荷仙菇，加盐调味炒熟装盘。
4. 将木瓜酸汤倒入小瓶子里，与荷仙菇一起上桌。

美味品鉴

将瓶中的木瓜酸汤倒入盘中，浸泡荷仙菇，然后再用勺子盛起品鉴。

金丝香芋球

设计灵感　这道菜选用福鼎槟榔芋制作，裹上蛋液后，粘上千丝酥皮，炸制而成。

食材

槟榔芋500克　盐2克
千丝酥皮50克　蘑菇精2克
杏鲍菇15克　椰子油10毫升
咸蛋黄1个　淡奶油50毫升
黑松露5克　五香粉1克
澄面10克　色拉油3毫升
牛奶50毫升　鸡蛋1枚

料理工艺

1. 将槟榔芋去皮蒸熟，放入搅拌机中，加入牛奶、澄面、五香粉、椰子油、盐和蘑菇精一起搅拌起劲成芋泥。
2. 将咸蛋黄烤香碾成末，杏鲍菇切成粒，锅中倒色拉油，放杏鲍菇炒香后下咸蛋黄末，加黑松露、淡奶油调味冷冻成咸蛋黄菌菇粒酱。
3. 用芋泥包咸蛋黄菌菇粒酱，外面一层裹蛋液，粘上千丝酥皮，入油锅炸至金黄即可。

美味品鉴

用筷子夹起，入口后轻轻咬开，松酥浓香可口。

野宴烤菇串

设计灵感 | 从原始人的钻木取火开始，人类最先的烹饪方式就是烧烤，做一道原始粗犷的烧烤菜品。

食材

猴头菇300克
鸡蛋2枚
彩椒15克
孜然粉10克
五香粉5克
辣椒面15克
酱油5毫升
生粉10克
盐1克
白卤水2000毫升

料理工艺

1. 将猴头菇泡水，挤干水分，切成小块，用白卤水卤熟捞出备用。将彩椒切块备用。
2. 将卤熟的猴头菇加入五香粉、生粉、辣椒面、盐、酱油、孜然粉、鸡蛋一起拌匀。
3. 将拌匀的猴头菇放在烤炉网上，烤制2分钟出焦香味。
4. 用红树柳枝将猴头菇和彩椒串好即可。

美味品鉴

拿起烤熟的菌菇串，感受原始粗犷的用餐方式。

迷你冬瓜盅

设计灵感 冬瓜盅是广东传统名汤之一，据传起源于清宫御菜“西瓜盅”。当时清宫御厨将大西瓜一切两半，挖去瓜瓤，放入高档原料，蒸制而成，那时称“西瓜盅”。后来传到盛产冬瓜的广东，便被改为“冬瓜盅”。

食材

迷你小冬瓜1个
干金耳10克
薏米10克
枸杞2克
矿盐2克
姜汁2毫升
素清汤200毫升
鲜荷叶3克

料理工艺

1. 将迷你小冬瓜切去盖，底部掏空籽，留少许冬瓜肉成容器，冬瓜盖用小挖球器挖成球。
2. 将金耳泡发、薏米泡开与冬瓜球、枸杞、鲜荷叶一起放入小冬瓜盅，加入素清汤、矿盐、姜汁调味，放入蒸柜蒸40分钟取出即可。

美味品鉴

先吃汤料与汤，最后再吃冬瓜容器。

牛油果雪芭椰奶冻

设计灵感 采用海南的椰子，再搭配上牛油果雪芭增加风味。

食材

椰子1个
牛油果2个
菠菜20克
椰奶60毫升
牛奶130毫升
淡奶油115毫升
吉利丁片2片

料理工艺

1. 将1个牛油果去皮切粒，菠菜叶焯水后冰镇，一起放入料理机中加入淡奶油打成牛油果酱，倒入液氮盆中，边加液氮边快速搅拌成半固体，用勺子挖出橄榄形雪芭状备用。
2. 将吉利丁片用冰水泡软，取半个牛油果切片放入烘干机中烘干取出，放料理机中打碎成粉末，余下半个牛油果切粒备用。
3. 将椰子用切割机切开做容器，取椰子水50毫升备用。
4. 将椰奶、椰子水、淡奶油和牛奶煮开，加入隔水加热融化的吉利丁片，混合均匀后倒入椰子壳冷藏成椰子冻。
5. 在椰子冻上放牛油果雪芭，放上牛油果粒，撒上牛油果粉装饰即可。

美味品鉴

先吃一口丝滑牛油果雪芭感受浓香，再吃一口椰奶冻感受清香。

西米脆片口蘑塔塔

设计灵感 | 小时候吃饭时，非常喜欢粘在锅底的大米锅巴，然后再夹一点桌上的菜放在锅巴上入口，香脆的锅巴与咸香的菜在口中碰撞，那就是儿时的美味。这道菜是用西米做的脆片，口感更加酥脆。

食材

西米50克
口蘑20克
鲜百里香2克
竹炭粉2克
甜菜根粉2克
芥子酱55克
芥末10克
淡奶油200毫升
盐2克
柠檬皮1克
胡椒粉2克
素黄油5克

料理工艺

1. 将西米煮至透明无白心状捞出，加入胡椒粉、盐、竹炭粉和甜菜根粉拌匀，倒在不粘垫上放入烤箱，用上下火80℃烤6小时后取出西米片，锅入油，烧至高油温时下西米片炸至膨化捞出，吸油备用。
2. 将芥子酱、芥末、柠檬皮、淡奶油、胡椒粉和盐一起煮开成奶油芥子酱备用。
3. 将口蘑切花刀，百里香切碎加少许盐与口蘑腌制5分钟，平底锅中放入素黄油，再放入腌制好的口蘑，两面煎黄即可。
4. 将口蘑放在西米脆片上，挤上奶油芥子酱即可。

美味品鉴

拿起西米脆片口蘑一口入嘴，感受酥脆的口感。

竹香荔枝菌佐山楂糕

设计灵感 荔枝菌有着与其他菌类无法比拟的美味，特别清甜，而且菌丝更柔嫩、清爽无渣，细细咀嚼还能吃到肉的味道。如此奇特的味道，是很多食客心心念念的美味。最佳的烹饪方式是蒸或煮。煮好的荔枝菌脆嫩无比，入口无渣，原汁原味带有点淡淡的泥土清香。

食材

荔枝菌2颗
竹子节1节
玫瑰盐2克
老姜2克
椰子油3毫升
山楂干20克
鲜山楂50克
冰糖35克
纯净水100毫升

料理工艺

1. 将荔枝菌洗干净，用手撕成条备用。
2. 平底锅倒入椰子油，下姜片、荔枝菌煎香，加入纯净水，加玫瑰盐调味放入竹子节中，入蒸柜蒸1小时。
3. 将鲜山楂洗净，山楂干浸泡1小时，加入冰糖和水一起熬制半小时，取出放入料理机中打成汁过滤，再放入锅中熬成浓稠的山楂酱，取出倒入模具中冷藏成形即成为山楂糕，切成小粒摆盘。
4. 取出蒸好的荔枝菌和山楂糕一起摆盘即可。

美味品鉴

用小勺先喝菌汤，再吃菌肉，最后再品山楂糕。

金汤黑松露菌包

设计灵感 之前有想过做一个黑松露菌菇馅，但一直没有找到合适的组合搭配，尝试过饺子、馄饨，后来用坚果金汤来搭配，既有饱满的口感也有汤汁搭配的滋润。

食材

馅料

松茸1克
牛肝菌1克
白玉菇10克
盐1克
蘑菇精1克

汤料

金瓜50克
腰果10克
素清汤100毫升
盐1克
蘑菇精1克
纯净水50毫升

包子皮食材

高筋面粉300克
盐3克
冷水75毫升
开水75毫升
白糖1克

装饰料

黑松露酱20克
吐司脆1片

料理工艺

1. 将松茸、牛肝菌和白玉菇切粒焯水，放入油锅中炒香，用盐和蘑菇精调味成馅料。
2. 将金瓜去皮切碎放入蒸柜蒸熟，取出后放入料理机中加腰果、素清汤、盐、蘑菇精和纯净水打成金瓜汁。
3. 将包子皮食材分成两份：一份取高筋面粉150克加盐1.5克与冷水75毫升拌匀成面团。另一份取高筋面粉150克加盐1.5克、白糖1克与开水75毫升迅速拌匀成花絮状。
4. 将包子皮包好馅料，放上黑松露酱入蒸柜蒸熟取出放入盘中。
5. 金瓜汁加纯净水煮开调味，淋入盘中，放上吐司脆摆盘即可。

美味品鉴

坚果金汤淋入盘中，用筷子夹起菌菇包品尝，再喝一勺坚果金汤，感受不一样的滋味。

酸甜咕噜菌

设计灵感 由于这道菜以甜酸汁烹调，上菜时香气四溢，令人禁不住“咕噜咕噜”地吞咽口水，因而取此名。此菜品中我们用猴头菇复刻出了经典的菜式口感。

食材

猴头菇100克
芒果块30克
鸡蛋1枚
生粉20克
红根萝卜苗3根
炫纹甜菜根1片
酸甜汁20毫升
蕾丝网1片
色拉油8毫升

料理工艺

1. 将猴头菇泡水挤干水分，切小块，放入蒸柜中蒸30分钟，取出加入鸡蛋、生粉拌匀，入油锅炸至外皮酥脆即可捞出备用。
2. 锅倒入油，下芒果块煎香，倒出备用。
3. 锅倒入油，下酸甜汁，再下炸好的猴头菇和芒果块，快速翻炒均匀，出锅放在蕾丝网上，放上红根萝卜苗和炫纹甜菜根装饰即可。

蕾丝网制法

食材：水80毫升，色拉油35毫升，低筋面粉10克。
做法：将水、色拉油30毫升和低筋面粉拌匀成面糊汁。平底锅中加入色拉油，倒入调好的面糊汁，用小火煎干至微黄酥脆即可。

美味品鉴

咕噜菌入口感受愉悦的味觉享受。

青石一两片，白莲三四枝

黑芝麻石头莲子泥佐马蹄冰淇淋

设计灵感 这道菜品的设计主要是表达空灵的意境。

食材

黑芝麻糊50克
白巧克力100克
海带粉2克
马蹄200克
淡奶油150毫升
海藻胶2克
黑芝麻坚果碎5克
白糖15克
莲子20克
吉利丁片2片
马蹄薄片3片

料理工艺

1. 将白巧克力、淡奶油15毫升和黑芝麻糊隔水融化成黑芝麻巧克力酱。
2. 将莲子煮熟，和隔水融化的吉利丁片一起放入料理机中打成莲子泥。
3. 将淡奶油加白糖打发至七成，加入莲子泥一起拌匀，放入鹅卵石模具中冷冻成莲子慕斯体。
4. 将莲子慕斯体挂上黑芝麻巧克力酱，完整地包裹均匀，放入冰箱，冷藏成黑芝麻石头莲子泥，取出放在石头餐具上，再撒上海带粉。
5. 马蹄冰淇淋：将马蹄、淡奶油、白糖、海藻胶打成泥，过滤，放入液氮盆中，边倒入液氮边搅拌成马蹄冰淇淋，用勺子挖成橄榄形。放入黑芝麻坚果碎，插上马蹄薄片即可。

美味品鉴

先吃黑芝麻石头莲子泥，感受不一样的趣味，再吃马蹄冰淇淋，感受清爽的余味。

竹香荔枝菌煨红薯粉

设计灵感 一直想把红薯粉做出美味特色的效果，荔枝菌熬好的汤鲜美无比，用荔枝菌汤煨红薯粉，汤汁被红薯粉吸收，变得饱满而美味。

食材

宽红薯粉200克
荔枝菌20克
牛肝菌10克
杏鲍菇15克
姜、蒜、洋葱各2克
菌菇浓汤300毫升
银耳100克
水1000毫升
竹香米20克
野米8克
生抽3毫升
白糖2克
小米椒3克
素黄油10克
盐1克
蘑菇精2克

料理工艺

1. 将牛肝菌和杏鲍菇切成粒过油备用。
2. 将银耳加水放入高压锅中，压出浓汤底备用。
3. 锅内放入素黄油，加入姜、蒜、洋葱粒和小米椒炒香后，放入荔枝菌、牛肝菌和杏鲍菇粒炒香，加入菌菇浓汤与宽红薯粉，放入生抽、白糖、盐和蘑菇精调味，再放入银耳浓汤底煮至汤汁浓稠时出锅，配上炸好的竹香米、野米，装盘即可。

菌菇浓汤制法

食材：干茶树菇100克，干香菇100克，巴楚菇50克，姬松茸100克，丁巴菌10克，水1500毫升。
做法：将全部干食材泡水洗干净，挤干水分，用菜籽油烧开，炒香至微干，加入水小火煮3小时，去掉渣，汤汁即为菌菇浓汤。

美味品鉴

将一部分脆香的竹香米倒入红薯粉中，脆香米粘在红薯粉上一起品鉴，剩下的汤汁与竹香米拌匀吃。

黑松露薯泥菌菇芯

设计灵感 | 用杏鲍菇做的菌菇芯口感饱满软弹，与松露薯泥搭配相得益彰。

食材

土豆1个
杏鲍菇1根
黑松露酱15克
淡奶油50毫升
牛奶60毫升
盐3克
蘑菇精2克
素黄油15克
洋葱5克
鲜百里香3克
椰奶15毫升
白胡椒粉1克
时蔬苗10克
芝麻沙拉酱5克

料理工艺

1. 土豆洗净对剖切开，取半个挖去内部土豆肉，另外半个削皮切成块，抹少许盐拌匀一起放入烤箱，用上下火180℃烤20分钟。
2. 将杏鲍菇煮熟取芯，切十字花刀，加椰奶和盐浸泡备用。
3. 锅内放素黄油烧热，下洋葱粒炒香，再下百里香、烤熟的土豆块炒香。加牛奶、淡奶油、白胡椒粉、水和蘑菇精调味倒出，放入料理机中打成泥，再装入烤好的土豆壳中。
4. 将浸泡好的菌菇芯取出，吸干椰汁，放入锅中煎至两面金黄取出，放入土豆泥中，挤上黑松露酱，旁边再放上时蔬苗与芝麻沙拉酱即可。

美味品鉴

先用小勺吃菌菇芯，再品松露土豆泥。

三味和

设计灵感　一直想用素食做一道口感类似金枪鱼的菜品，后来无意间把西瓜腌制后再低温烹饪做出的口感竟如此美妙，然后再搭配其他两种风味菜品。

食材

卤熟的猴头菇100克
西瓜100克
豆苗100克
淡奶油150毫升
奶油芥子酱50克
海苔1片
脆皮糊20克
面包糠30克
盐2克
蘑菇精2克
鲜百里香1根
芥末10克
橄榄油5毫升
牛奶5毫升

料理工艺

1. 将西瓜切成2厘米厚、5厘米宽的片，用百里香、盐、橄榄油拌匀，用真空袋包装，放入48℃的低温机中低温30分钟。
2. 将奶油芥子酱、芥末、淡奶油、牛奶、盐和蘑菇精煮开拌匀至浓稠成酱汁，将豆苗尖插在煮好的酱汁上即可。
3. 将猴头菇切方块，用海苔包裹住，挂脆皮糊，裹面包糠，放入油锅中炸脆即可。

美味品鉴

先吃低温西瓜肉细细品味，再吃奶油芥子酱豆苗，最后吃海苔猴头菇，口味层次分明。

苦瓜冰淇淋青瓜啫喱

设计灵感　冰淇淋几乎都是甜的，而我总想做点不一样的，尝试了一款苦味的冰淇淋，可以在夏季食用。

食材

苦瓜200克
青瓜80克
吉利丁片1片
雪燕5克
青瓜丁5克
青苹果半个
青苹果糖浆5克
柠檬汁5毫升
蜂蜜80克
苹果醋8毫升
薄荷叶5克

料理工艺

1. 将180克苦瓜去籽洗净，焯水后冰镇，倒入料理机中，加入柠檬汁、3克薄荷叶、60克蜂蜜打成苦瓜汁。
2. 将苦瓜汁倒入液氮盆中，边倒液氮边搅拌成苦瓜冰淇淋，用挖球器挖成圆形即可。
3. 将剩余的20克苦瓜切成薄片，加20克蜂蜜焯水后冰镇放入烘干机，用58℃的温度烘6小时即成苦瓜脆片。
4. 将青瓜打成汁过滤，加入隔水融化的吉利丁片煮开，放入盘中冷冻成形，切成啫喱颗粒。
5. 将雪燕用纯净水泡发6小时取出，和青瓜丁、青瓜啫喱一起垫底，放入苦瓜冰淇淋，插上苦瓜脆片。
6. 将青苹果打成汁，加薄荷叶、青苹果糖浆、苹果醋打匀过滤，倒入盘中即可。

美味品鉴

吃一片冰淇淋上的苦瓜脆片，用小勺吃一口苦瓜冰淇淋，再吃下面的青瓜啫喱。

XO龙爪菌

设计灵感 此道菜品中的XO酱经过多次尝试，用多种珍贵菌类熬制而成，味道异常美味，用XO酱炒脆嫩的食材，味道非常搭。

食材

龙爪菌50克
西芹30克
黑椒汁10克
XO酱15克
盐1克
蘑菇精2克
色拉油3毫升

料理工艺

1. 将龙爪菌洗净切块，西芹去皮切马耳朵状，一起焯水备用。
2. 锅入油，下XO酱炒香，再下龙爪菌、西芹炒香，加盐和蘑菇精调味，出锅装盘，用黑椒汁装饰即可。

XO酱制法

食材：牛肝菌2500克，干巴菌500克，巴楚菇500克，杏鲍菇5千克，金针菇2500克，鲜冬菇1500克，白玉菇1千克，烤麸500克，干香菇500克，干茶树菇1千克，腰果1千克，干辣椒250克，老姜500克，小米椒250克，干锅酱500克，香辣酱500克，胡椒粉50克。

做法：将菌菇原料切小粒放入烤箱烤香，再过油。烤麸切粒与腰果过油，锅入油，下姜末、干辣椒和小米椒炒香再下干锅酱、香辣酱和胡椒粉炒香，再放入过油的原料熬制10分钟关火，焖一晚上即成XO酱。

美味品鉴

入口爽脆香嫩，口味重的还可以蘸旁边的黑椒汁食用。

木瓜炒老人头菌

设计灵感 沿海地区，以前渔村靠出海打鱼为生，小孩子总是期待大人出海后的平安归来和满载而归，这道菜品灵感来源于小渔村的期待。

食材

红心木瓜30克
老人头菌2颗
百合5克
蜜豆15克
盐2克
生粉2克
橄榄油5毫升
芭蕉叶1片

料理工艺

1. 将红心木瓜切块，老人头菌洗净切片，蜜豆去头尾。
2. 将老人头菌和蜜豆一起焯水取出，锅中下油，放入老人头菌和蜜豆翻炒均匀，再放入百合和木瓜，加盐调味，勾芡淋油出锅。
3. 将芭蕉叶剥开，用淡盐水洗净，装炒好的食材即可。

美味品鉴

先吃老人头菌，清爽脆嫩，再吃其余食材。

A

鹰嘴豆小米炸脆卷

设计灵感 | 这道菜品的灵感来自唐代宫廷宴会。唐代宫廷宴会分为韵宴、诗宴、文宴三个等级。这道菜便是韵宴之首的一韵，口感酥脆滑嫩。

食材

食材1

鹰嘴豆20克
芒果10克
海苔2克
牛奶10毫升
淡奶油10毫升
日式福饼1个
盐1克
芝麻酱2克
鲜柠檬汁2毫升
白胡椒粉0.2克
橄榄油3毫升

食材2

小米50克
马蹄10克
酸奶5克
柠檬冻2克
豆苗2根
食用油1000毫升

食材3

春卷皮1张
玉米粒5粒
芹菜5克
黑木耳1克
面糊1克
五香辣椒面0.2克

料理工艺

1. 将鹰嘴豆泡水4小时，放入蒸柜蒸熟，加牛奶、淡奶油、盐、芝麻酱、鲜柠檬汁、白胡椒粉和橄榄油放入料理机中打成鹰嘴豆泥备用。
2. 将芒果打成泥，海苔切碎备用。
3. 将鹰嘴豆泥挤入日式福饼的底盒中，再将芒果泥挤在鹰嘴豆泥上，撒上海苔碎，盖上福饼盖。
4. 将小米蒸熟，分成两份，第一份放在高油温中炸成小米爆米花，第二份加水，放入料理机中打成小米泥，再用抹刀抹平放入烘干机中用48℃烘4小时即成小米片。
5. 取出小米片放入高油温锅中炸成小米脆片备用，马蹄与柠檬冻切成粒状，与酸奶拌匀放在炸好的小米脆片上，放上豆苗装饰即可。
6. 将玉米粒、芹菜和黑木耳放入锅中炒熟，用春卷皮包成锥形，再用面糊粘住接口处，放入油锅中炸至金黄，吸油放在盘中，撒上五香辣椒面即可。

美味品鉴

先吃福饼鹰嘴豆泥再吃脆卷和小米脆片。

夏日冰粉

设计灵感　冰粉是夏季的特色食物，这里将冰粉呈现不一样的形式。

食材

有机黄西红柿2个
樱花小丸子10粒
青李子1颗
冰粉1袋
酸奶15克
糖8克
西米3克
时蔬苗5根

料理工艺

1. 将冰粉按照包装上比例冲好后，冷却定型。
2. 将樱花小丸子与西米煮熟放凉备用。
3. 将有机黄西红柿切片，加酸奶与糖拌匀至化开。
4. 将冰粉垫底，放上西红柿片、青李子与樱花小丸子、西米。
5. 最后淋入酸奶，放少许时蔬苗装饰即可。

美味品鉴

用小勺将冰粉与当季水果拌着一起吃，感受凉爽。

酥皮焗山药挞

设计灵感 常规的蛋挞太过于甜腻，但又喜欢挞壳的酥脆与内馅的嫩滑。于是便做了这道山药挞。

食材

山药500克
淡奶油100毫升
甜奶油50毫升
牛奶100毫升
椰浆30毫升
全麦粉150克
水85毫升
糖10克
植物油20毫升
酥皮挞壳生坯1个
混合水果粒10克

美味品鉴

将山药挞入口品味，味道柔滑不腻，酥香清爽。

料理工艺

1. 将山药洗净去皮，放入蒸柜中蒸熟取出，放入料理机中加入牛奶和椰浆一起打匀成山药酱备用。
2. 将淡奶油与甜奶油打发后与山药酱混合均匀备用。
3. 将全麦粉、水、糖和植物油拌匀，用擀面杖来回压制10分钟，发酵30分钟备用。
4. 将山药酱挤入酥皮挞壳生坯中，放入烤箱，用上下火165℃烤12分钟，取出摆盘撒上混合水果粒即可。

炭烤玉米笋

设计灵感 烤玉米是儿时的美味，这里选用小玉米笋来烤制，既有大玉米的焦香也有小玉米的清甜。

食材

玉米笋2根
淡奶油150毫升
鲜玉米粒200克
洋葱15克
海盐2克
橄榄油3毫升
牛奶30毫升
植物黄油10克
素清汤100毫升

料理工艺

1. 将玉米笋剥去表皮多余的外壳，从底部抽出玉米笋，抹上海盐和橄榄油，塞回外壳中。
2. 烤箱上下火预热至180℃，放入玉米笋，烤13分钟至表面微焦即可。
3. 锅里放入植物黄油，下洋葱粒炒出透明色，下玉米粒炒香，下素清汤与淡奶油、牛奶调味，小火熬制15分钟，倒入料理机中打成泥，过滤成玉米奶酱备用。
4. 将拔出的玉米须放入碗中，加入纯净水蒸1小时即成玉米须清汤。
5. 烤好的玉米笋配上玉米奶酱和玉米须清汤即可。

美味品鉴

剥开烤焦的玉米笋外壳，先吃一口原味烤玉米笋感受清甜，再用玉米笋蘸玉米奶酱吃，浓香饱满，最后喝玉米须清汤养生又健康。

入夏伏面

设计灵感 民间习俗头伏饺子二伏面，三伏吃烙饼摊鸡蛋。新麦已经登场，所以吃面也有尝新的意思。

食材

食材1

手工面100克
葱油5克
青瓜丝8克

食材2

红油辣子5克
生抽10毫升
陈醋5毫升
白糖1克
小葱2克
清汤50毫升
姜蒜各4克
芝麻酱、花生酱各1克
白胡椒粉3克
XO酱5克

料理工艺

1. 将姜蒜切成丝，用烧开的清汤冲出姜蒜水，下入食材2中其余所有调料调匀成酱料放入碗中。
2. 锅中水烧开，下手工面煮熟，捞出控水，加葱油拌匀，用筷子卷成形，放入碗中，配上青瓜丝即可。

美味品鉴

将面条与碗中的酱料拌匀，品尝伏面的美味。

脆炸南瓜花

设计灵感 可以食用的花朵非常多，这个季节盛开的南瓜花是自然的馈赠。尝试过炖汤、清炒，最后感觉脆炸既有口感的层次，又能保留食材本身的味道。

食材

鲜南瓜花2朵
南瓜20克
牛奶10毫升
天妇罗粉100克
低筋面粉30克
玉米淀粉20克
植物油30毫升
冰水80毫升
罗勒叶100克
橄榄油50毫升
鲜马蹄10克
蛋黄酱60克
盐3克

料理工艺

1. 将粉类拌匀，一边倒入冰水和植物油，一边搅拌均匀成脆皮糊。
2. 将南瓜花剪去黄色花蕾，洗干净，吸干水分，挂上脆皮糊，放入锅中炸至表皮酥脆即可，取出控油。
3. 将南瓜蒸熟加牛奶打成南瓜酱。
4. 将罗勒叶焯水，冰镇后放入料理机，加入橄榄油，挤入蛋黄酱拌匀调味成青酱。
5. 将青酱、南瓜酱刷在盘子上，放上南瓜花即可。
6. 将马蹄切片放在南瓜花上搭配摆盘即可。

美味品鉴

可以先吃一口原味南瓜花，再用南瓜花蘸南瓜酱与青酱吃，感受不同风味。

紫苏皱皮椒炒牛肝菌

设计灵感 | 珍贵的食材往往只需要简单的烹饪方式，与湖南的紫苏和皱皮椒炒，不会抢过牛肝菌的鲜美。

食材

牛肝菌50克
皱皮椒20克
老姜3克
紫苏3克
玫瑰盐1克
素黄油5克

料理工艺

1. 将牛肝菌洗净切厚片。将皱皮椒洗净切片去椒籽。
2. 锅烧热放入素黄油，将牛肝菌两面煎香备用。再将皱皮椒片煎香，下姜丝和紫苏炒香，放入煎好的牛肝菌，用玫瑰盐调味翻匀出锅。

美味品鉴

这道菜吃法有讲究，一般是一片皱皮椒一片牛肝菌搭配着一起吃，这样才能鲜香微辣。

仔姜辣椒煨海茸白灵菇

设计灵感｜民间俗话说：冬吃萝卜夏吃姜，不找医生开药方。用仔姜来烧制的菜肴，养生又美味。

食材

海茸200克
白灵菇300克
菜心15根
稻花香米500克
仔姜200克
螺丝椒150克
生抽15毫升
白砂糖8克
盐3克
蘑菇精5克
大葱15克
花雕酒3毫升
花椒1克
白胡椒粉0.5克
素高汤300毫升
素黄油15克
鲜粽叶1张

料理工艺

1. 将海茸切成长度为5厘米的段，白灵菇切块焯水，将菜心焯水备用。
2. 锅内放入素黄油，放入仔姜、螺丝椒与海茸、白灵菇爆香，再放入大葱、花椒炒香，倒入素高汤煮开，放入生抽、白砂糖、盐、蘑菇精、花雕酒和白胡椒粉调味，小火煲30分钟出锅，放上菜心即可。
3. 将稻花香米用粽叶包好蒸熟取出，搭配组合装盘即可。

—— 美味品鉴 ——

把旁边的粽叶米饭解开，放入仔姜海茸菜品中，可以让米饭吸取碗中的汤汁然后食用。

西湖珍味

设计灵感 | 这个时节是荷叶初开的季节，风景让人陶醉，这道菜品是将我在外面看到的风景用食材转换成盘中的意境呈现。

食材

鲜竹荪1个
鸡蛋2枚
莲子3粒
小青豆5粒
菠菜粉1克
胡椒粉1克
素清汤200毫升
生粉2克
盐1.5克

料理工艺

1. 将鸡蛋清打发至六成时加入生粉、菠菜粉、胡椒粉、盐，继续打发至八成，制成菠菜蛋清。
2. 用抹刀将菠菜蛋清刮出抹平在餐盘内，点缀上小青豆。放入蒸柜蒸约2分钟取出，用圆形模具压成莲蓬状。
3. 将鲜竹荪焯水冲洗与泡好的莲子放入汤盅，加入素清汤并加盐调味，放入蒸柜蒸1小时取出，放入复热好的菠菜莲蓬即可。

美味品鉴

先吃菠菜莲蓬滑嫩绵软，再品鲜竹荪汤。

姜汁龟苓膏

设计灵感 龟苓膏是宫廷药膳，在这个时节搭配着姜汁一同食用别有一番风味。

食材

龟苓膏粉20克
水1.5升
蜂蜜20克
炼乳5克
红糖5克
椰浆10毫升
姜汁10毫升

料理工艺

1. 将龟苓膏粉加水搅匀成龟苓膏糊。将水烧开，将龟苓膏糊慢慢倒入水中，加蜂蜜搅匀煮3分钟后倒入模具中冷却成龟苓膏。
2. 将龟苓膏切块放入碗中，倒入炼乳、红糖、椰浆调味即可。
3. 上桌时搭配姜汁即可。

美味品鉴

把姜汁淋入龟苓膏内拌匀，一同用勺子盛起品鉴。

姜汁糕

胡萝卜冰淇淋

水晶雪燕桃胶冻

点心三韵

设计灵感｜翻看饮食古籍对唐宋的点心情有独钟，当时点心工艺的精益求精值得我们学习，这里几款点心是根据古籍记载复原的。

胡萝卜冰淇淋

食材

胡萝卜50克，白糖15克，淡奶油50毫升，牛奶10毫升，艾素糖30克，吉利丁片1片，老姜3克，柠檬汁3毫升，甜菜根粉2克。

料理工艺

1. 将艾素糖用小火熬化加入甜菜根粉拌匀，用糖艺工具吹出胡萝卜形。
2. 将煮熟的胡萝卜打成泥，将淡奶油打发至七成。
3. 胡萝卜泥加牛奶、白糖、隔水融化的吉利丁片一起拌匀。再加入打发的淡奶油拌匀，加入老姜和柠檬汁拌匀放入冰箱冷藏至定型。
4. 将定型的胡萝卜冰淇淋，用裱花袋挤入糖艺胡萝卜形中即可。

水晶雪燕桃胶冻

食材

凉粉15克，白砂糖8克，老姜片1克，发好的桃胶2粒，发好的雪燕5克，薄荷叶3片，纯净水280毫升，去核红枣100克，水400毫升，冰糖100克。

料理工艺

1. 将凉粉加纯净水冲开，放入薄荷叶、老姜片和白砂糖一起熬化，过滤后与桃胶、雪燕一起倒入圆形模具中，冷藏定型即可。
2. 将水、去核红枣和冰糖一起放入蒸柜中，蒸2小时取出放入搅拌机中打成汁过滤。
3. 将红枣汁淋在水晶雪燕桃胶冻上即可。

姜汁糕

食材

马蹄粉1盒，生粉250克，澄面100克，鹰粟粉100克，吉士粉100克，生姜150克，纯净水4升，白砂糖500克。

料理工艺

1. 将白砂糖倒入锅中，炒出糖色，倒入纯净水1500毫升。
2. 将马蹄粉、生粉、澄面、鹰粟粉和吉士粉拌匀，加入纯净水2升拌匀调成马蹄粉浆。
3. 将生姜加纯净水500毫升，榨成汁过滤备用。
4. 取一勺马蹄粉浆加到糖水中搅匀，勾成二流芡，再将剩余的马蹄粉浆和姜汁搅匀，倒入蒸盘中封上保鲜膜，放入蒸柜蒸40分钟取出凉凉切块即可。

美味品鉴

先吃水晶雪燕桃胶冻感受一丝清凉，再吃姜汁糕养生又美味，最后吃外面是糖壳的胡萝卜冰淇淋。

秋

Autumn

立秋

立秋是二十四节气中的第十三个节气，通常在公历8月7日至9日之间，太阳到达黄经135°时为立秋。立秋是秋季的第一个节气，意味着秋天的开始，暑去凉来，禾谷成熟。立秋后，小北风带来丝丝凉意；昼夜温差使空气中的水蒸气凝结，形成植物上的露珠；秋天感阴而鸣的寒蝉，好像告诉人们酷热已经过去。此时，我国很多地方仍处在炎热的夏季，“秋老虎”余威还在。有不少年份，立秋热，处暑依然热，故有“大暑小暑不是暑，立秋处暑正当暑”的说法。

处暑

太阳到达黄经150°时，为二十四节气中的第十四个节气——处暑。处暑意味着炎热的夏天即将结束，气温逐渐下降。处暑节气的物候特征是：“一候鹰乃祭鸟；二候天地始肃；三候禾乃登。”意思是，此时老鹰开始捕猎鸟类，万物开始凋零，五谷成熟的季节到了。处暑节气之后，长江以北地区气温逐渐下降，早晚已有浓重的凉意，白昼时间减少。

白露

太阳到达黄经165°时，是二十四节气中的第十五个节气——白露。白露是九月的第一个节气。此时温度降低，人们会明显地感觉到秋天的到来。白天温度虽然可达30℃以上，可是夜晚会下降到二十几摄氏度甚至更低，温差相当大。

秋分

秋分是农历二十四节气中的第十六个节气，太阳在这一天到达黄经180°，直射地球赤道，因此这一天24小时昼夜均分，全球无极昼极夜现象。秋分时节，大部分地区已经进入秋季，南下的冷空气与逐渐衰减的暖湿空气相遇，产生降水，气温也随之下降，正是人们常说的“一场秋雨一场寒”。大部分地区雨季已结束，“风和日丽”“天高云淡”“丹桂飘香”“蟹肥菊黄”等词语，都是对此时物候的美好描述。

寒露

寒露是二十四节气中的第十七个节气，时间在公历10月8日或9日，太阳到达黄经195°时。寒露节气是天气转凉的象征，如俗语所说，“寒露寒露，遍地冷露。”此时我国大部分地区已进入秋季，南方地区气温持续下降，除全年飞雪的青藏高原外，东北和新疆北部地区一般也开始飘雪。海南和西南地区此时一般是秋雨连绵，少数年份江淮和江南地区也会出现阴雨，对秋收秋种有一定影响。

霜降

霜降是二十四节气中的第十八个节气。每年公历10月23日左右，太阳位于黄经210°时为霜降节气。此时天气渐冷，初霜出现，之后就是立冬节气，意味着冬天即将到来。气象学上，一般把秋季出现的第一次霜称作“早霜”或“初霜”，把春季出现的最后一次霜称为“晚霜”或“终霜”，其间是无霜期。

盐焗牛肝菌

设计灵感 | 一次偶然的烹饪创作，发现在竹炭内烤出的食物有一股特殊的香味。这里将牛肝菌与竹炭结合，烹饪出来的味道多了一丝韵味。

食材

黄牛肝菌1个
鸡蛋1枚
干荷叶1张
盐500克
盐焗粉2克
竹炭筒1个
植物黄油5克

料理工艺

1. 将黄牛肝菌切片备用，平底锅烧热下植物黄油，将牛肝菌煎至两面金黄，用盐焗粉调味出锅备用。
2. 将盐和鸡蛋清拌匀成鸡蛋盐备用。
3. 将干荷叶泡水消毒，剪成长方形，把煎好的牛肝菌放入荷叶里面卷起来。
4. 将卷好的牛肝菌放入竹炭筒中，用拌好的鸡蛋盐将两面封口，放入烤箱，用上下火180℃烤10分钟即可。

美味品鉴

用勺子敲开竹炭筒，剥开荷叶便可品鉴这独特的味道。

冰镇鲜松茸菌菇拼盘刺身

设计灵感 | 选择当季最鲜嫩的食材，用最简单的烹饪方法，来呈现食物本身的味道。

食材

新鲜松茸2颗
鲜嫩笋尖1根
口蘑1颗
刺身酱油100毫升
山葵根10克
柠檬片1片
盐2克
鲜竹叶1枝
小西红柿2个

料理工艺

1. 用陶瓷刀轻轻刮去松茸表皮，用湿毛巾轻擦干净，松茸切片备用。
2. 将鲜嫩笋尖切片，用淡盐水浸泡备用。口蘑切片用柠檬水浸泡备用。
3. 将山葵根擦成泥，倒入刺身酱油制成山葵酱油备用。
4. 将松茸片、笋尖片、口蘑片和小西红柿分别放在冰沙上，用鲜竹叶装饰，配上山葵酱油即可。

美味品鉴

先取一片松茸品尝原味，再取一片松茸蘸酱料吃，嫩笋尖也是如此，食材真正的味道在口中盘旋。

珊瑚石榴包

设计灵感　石榴未成熟之前是一幅青涩的风景，这样的景色更值得让人期待与憧憬。

食材

干榆耳50克
白玉菇15克
笋尖20克
木耳20克
胡萝卜10克
春卷皮10张
芥菜15克
松子5克
马蹄10克
盐2克
白砂糖1克
蘑菇精1克
芹菜10克

料理工艺

1. 将干榆耳泡发6小时洗净，切丝备用。
2. 将白玉菇、木耳、笋尖、胡萝卜切丝，马蹄和芥菜切粒。
3. 将芹菜焯水冷却后撕成细条，榆耳、白玉菇、木耳、笋尖、胡萝卜、马蹄、芥菜、松子一起焯水后捞出，炒熟加盐、白砂糖和蘑菇精调味备用。
4. 春卷皮用冷水泡软，包好炒熟后的食材，用芹菜细条绑好放入蒸柜蒸3分钟即可。

美味品鉴

一口一个石榴包，品味个中味道。

丝瓜炒蚕豆

设计灵感　脆嫩的蚕豆与清爽的丝瓜搭配，清爽美味。

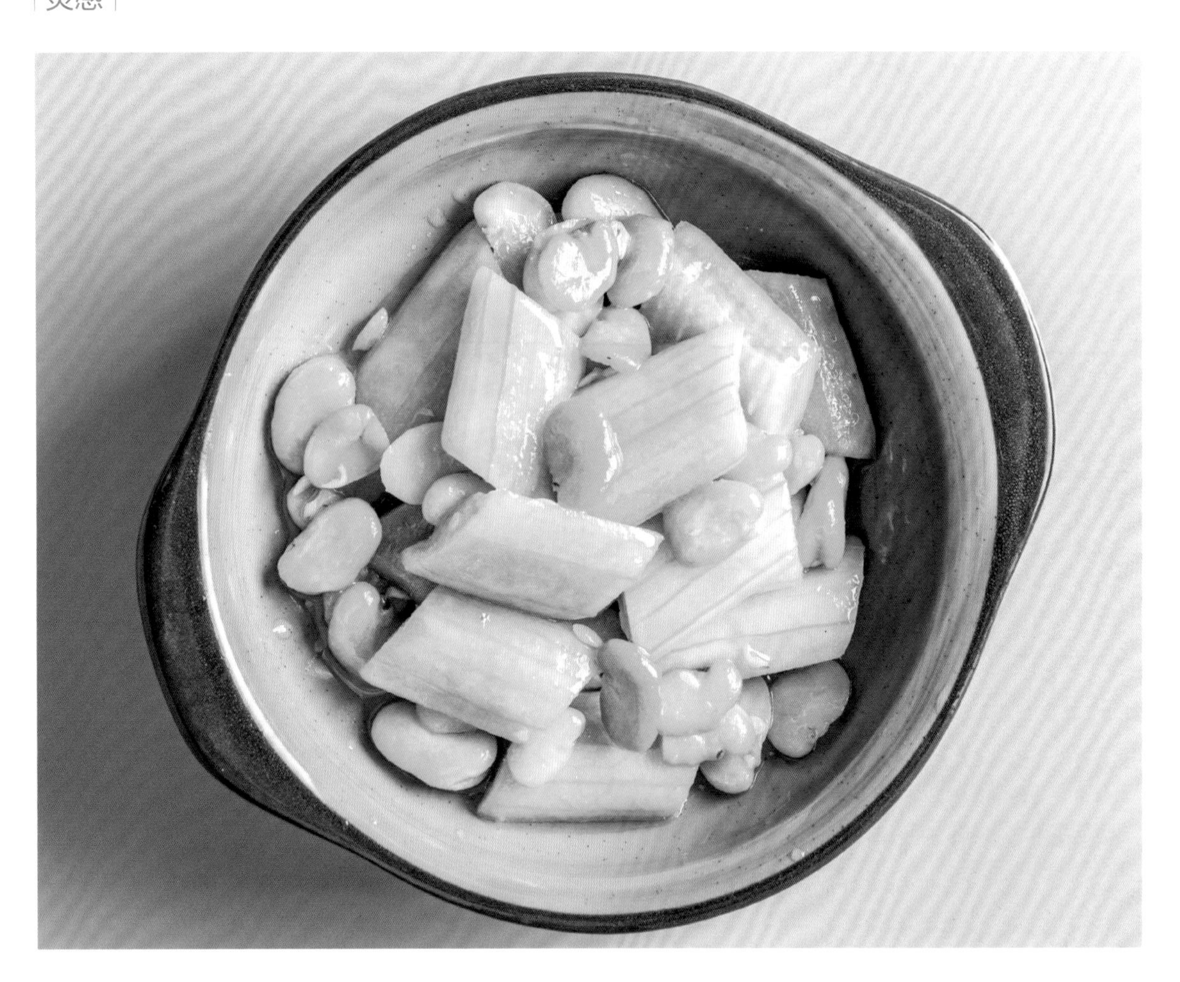

食材

长条丝瓜1根
新鲜蚕豆20克
橄榄油3毫升
椰子油5毫升
盐2克
姜汁2毫升
柠檬15克
湿淀粉3克
素清汤100毫升

料理工艺

1. 将丝瓜切成节，放入柠檬水中浸泡。
2. 蚕豆焯水后冰镇备用。
3. 锅内倒入橄榄油和椰子油，下丝瓜与蚕豆煎香，加姜汁和盐调味炒匀，倒入少许素清汤微煮至熟，勾芡，出锅装盘即可。

美味品鉴

品尝应季的味道，感受食材的原汁原味。

霸王花炖葛根

设计灵感 这道菜品的设计来源于新加坡的肉骨茶，这里采用素食食材调试后，找到了接近肉骨茶的味道。

食材

霸王花5克
葛根10克
盐2克
素清汤200毫升

料理工艺

1. 将霸王花泡开，洗净备用，葛根洗净切片。
2. 将霸王花和葛根放入炖盅，加入素清汤，用盐调味，放蒸柜中蒸2小时即可。

美味品鉴

用勺子先品汤，再吃葛根。霸王花汤料不吃。

未济终焉心缥缈，百事翻从缺陷好

青苹果慕斯

设计灵感 这道菜品的灵感来自街边吹糖艺人，他们用糖吹出很多人物和动物，中间都是空心的，后来自己练习着做，太复杂的做不来，只好做苹果形状了，在苹果空心内填满内馅就是一道惊喜的甜品。

食材

艾素糖200克
青苹果糖浆100克
青苹果3个
淡奶油200毫升
白砂糖38克
吉利丁片3片
柠檬15克

料理工艺

1. 青苹果果冻：取1个青苹果切粒，放入柠檬水中浸泡。取1个青苹果榨汁，取青苹果汁190毫升，加白砂糖煮开关火，放入泡软的吉利丁片2片搅拌融化，再放入泡过柠檬水的苹果粒，一起放入冰箱冷藏1小时后成为青苹果果冻。
2. 青苹果慕斯：将泡软的吉利丁片1片加入青苹果糖浆50克中加热至融化。取1个青苹果打成泥，淡奶油加糖打发至七成。全部一起搅拌均匀成为青苹果慕斯。
3. 将艾素糖和青苹果糖浆50克一起熬化至145℃，用糖艺工具吹出空心苹果状备用。
4. 将做好的青苹果慕斯挤入糖艺苹果内部的四周，在二分之一处放入青苹果果冻，再继续挤入青苹果慕斯填满，放入冰箱，冷藏或者冷冻成形即可上桌。

美味品鉴

用勺子轻轻敲破，挖一勺慕斯与糖壳一同品鉴。

前调玉兰景

设计灵感 中国的插花艺术与盆景拼装艺术是东方美学的独特体现与表达，这道菜品正是结合了美学元素与美食的最新表达。

食材

山药400克
草莓酱200克
鲜草莓10颗
牛奶300毫升
淡奶油100毫升
白糖20克
吉利丁片2片
炼乳60克
柠檬水3毫升
果冻粉10克
食用糯米纸10张

料理工艺

1. 将山药去皮放入蒸柜蒸30分钟取出，放入料理机中加入牛奶、白糖、果冻粉和炼乳打成山药泥，再加入果冻粉打匀。
2. 将淡奶油打发至八成，与打好的山药泥拌匀，挤入模具二分之一处，再放入鲜草莓粒，再挤入山药泥填满模具，放入冰箱冷藏即成山药球。
3. 草莓酱放入料理机，将果肉打成泥，加入柠檬水，放入隔水融化的吉利丁片，取出加热至60℃。
4. 用竹扦将山药球串好，淋上冷却在30℃左右的草莓酱泥，放好备用。
5. 用食用糯米纸包上草莓山药球，整理出形状即可。

美味品鉴

用手拿起一根，轻轻放入口中品鉴，外层的糯米纸一起入口，感受酸甜绵滑的口感。

葱烧秋茄

设计灵感　山水意境之美是东方艺术的表达，用食材与酱汁勾勒出山水景色。

食材

长茄子1个
牛肝菌10克
山药20克
松露酱3克
松露油2毫升
白玉菇10克
青豆100克
豆腐30克
鲜冬菇5克
鸡蛋20克
小麦仁20克
生抽5毫升
老抽3毫升
生粉1克
白砂糖1克
蘑菇精2克
盐1克
牛奶20毫升
淡奶油15毫升
素黄油5克
素清汤30毫升

料理工艺

1. 将长茄子切成长段，中间挖空备用。
2. 将牛肝菌、鲜冬菇切丝后过油备用，山药蒸熟打成泥。豆腐压碎加鸡蛋和生粉拌匀，一起放入茄子中，过油备用。
3. 热锅放入素黄油，下茄子、白玉菇和素清汤，加生抽、老抽、白砂糖和蘑菇精调味，勾芡，最后滴松露油出锅。
4. 将小麦仁蒸熟加松露酱拌匀垫底。
5. 将青豆打成汁，加入牛奶、淡奶油煮开，用蘑菇精和盐调味，收汁过滤，装饰即可。

美味品鉴

用刀叉将茄子切小段入口品鉴，最后吃吸汁饱满的小麦仁，小麦仁与青豆酱一同拌匀更好吃。

叉烧白灵菇佐三色藜麦柠檬泡沫

设计灵感　一直在寻找最合适做叉烧口味质感的食材，经过多次的试验，最终选用白灵菇作为主料，白灵菇肉厚且紧致再合适不过，于是便有了这道菜品。

食材

白灵菇1颗
柠檬1个
乳化剂1.5克
素黄油3克
三色藜麦20克
鸡蛋1枚
生粉30克
蒜10克
干葱5克
芹菜、香菜各10克
胡萝卜10克
老抽3毫升
叉烧酱40克

料理工艺

1. 将白灵菇洗净切片煮熟，挤掉水分加入鸡蛋和生粉腌制。
2. 将蒜、干葱、芹菜、香菜、胡萝卜加少许水放入料理机中打成泥，与白灵菇拌匀，再加入叉烧酱和老抽拌匀腌制一晚取出，平底锅放入素黄油，煎至两面微焦即可。
3. 柠檬泡沫：柠檬榨汁后加入纯净水至750毫升，再加入乳化剂，用高速搅拌棒搅拌2分钟出柠檬泡沫，用作装饰。
4. 将三色藜麦蒸熟后垫底。

叉烧酱制法

食材：水750毫升，素柱侯酱250克，素海鲜酱300克，白糖20克，美极鲜味汁250毫升。
做法：将食材全部煮开至微稠，取出放凉成叉烧酱。

美味品鉴

用刀叉将叉烧菌切小块入口品鉴，然后吃藜麦。

青苹果汁汆九年百合

设计灵感 通过九年百合摆出雪莲花的形状。百合代表纯白的爱、坚韧、纯洁，给人们带来希望，也是圣洁的象征。

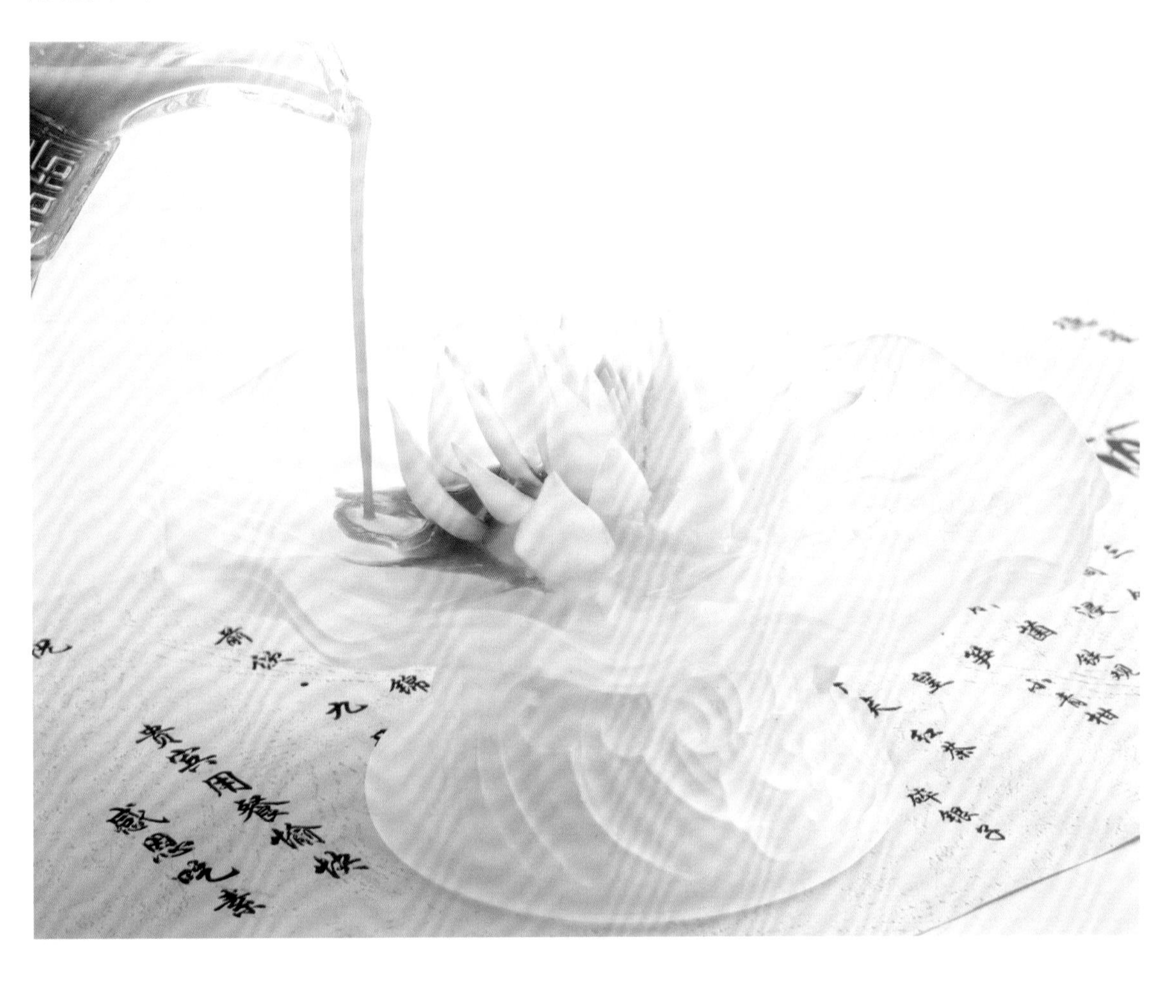

食材

九年百合1朵
青苹果1个
青苹果浓缩汁3毫升
小青橘1个
薄荷叶1克
白砂糖2克
盐2克
山药10克
牛奶5毫升

料理工艺

1. 将百合剥片放入水中，再放入小青橘，用盐浸泡1分钟后捞出。
2. 将山药去皮放入蒸柜蒸熟，与牛奶和白砂糖一起打成山药泥备用。
3. 在盘中挤入一圈山药泥，放上百合片，依次摆成荷花状。
4. 将青苹果洗净榨汁，与薄荷叶、青苹果浓缩汁拌匀，放入杯中，上菜时，淋在百合上即可。

美味品鉴

将青苹果汁淋入百合中，感受百合的清甜与苹果汁的青涩微酸。

九品香莲莲子汤

设计灵感 这道菜灵感来自鱼吃荷花，每年都有鱼儿跃起吃莲花的美景，这代表年年有余，表达了人们对美好生活的向往。

食材

九品香莲1朵
老姜1克
莲藕100克
马蹄50克
莲子20克
盐2克

料理工艺

1. 将莲子、马蹄、老姜、莲藕洗净，炖2小时成素汤汤底。
2. 将炖好的素汤过滤取出，加盐调味，放入莲子和九品香莲一起炖1小时即可。

美味品鉴

将莲花汤倒入小杯中，一口一口品鉴莲花的味道。

黑金流沙包拼荷花酥

设计灵感 | 荷花酥是浙江杭州著名的传统小吃，用油酥面制成的荷花酥，形似荷花，酥层清晰。传统做法是以猪油入料制作，这款是用椰子油代替猪油制作，更有一股清香。

食材

食材1
低筋面粉500克
酵母150克
白砂糖100克
泡打粉10克
水250毫升
竹炭粉0.5克

食材2
咸蛋黄500克
白砂糖500克
椰子油500毫升
吉士粉10克
60℃温水300毫升
吉利丁粉30克

食材3
酥皮1块
白莲蓉15克

料理工艺

1. 将食材1的食材拌匀，揉至面皮光滑，微发酵备用。
2. 将咸蛋黄烤香后压成粉，将吉士粉、椰子油、水、白砂糖、吉利丁粉搅拌溶化，倒入咸蛋黄粉中，冷冻后切小块成馅料。
3. 面皮包入馅料，放到发酵箱发酵15分钟后，放入蒸柜蒸熟，取出装盘即可。
4. 用酥皮把白莲蓉包好，切十字花刀，放入炸炉中，165℃炸5分钟，捞出吸油装盘即可。

莲子百合银耳露

设计灵感 | 秋季宜吃润肺生津的食物，顺应节气而养生。

食材

银耳30克
去芯莲子20克
百合10克
红枣、枸杞各15克
冰糖150克
生姜3克
纯净水250毫升

料理工艺

1. 将莲子、银耳分别浸泡8小时，锅中放纯净水250毫升，放入银耳和莲子，加冰糖、红枣和生姜小火炖1小时。
2. 关火冷却，放入百合和枸杞再炖40分钟即可。

美味品鉴

用勺子盛起，品鉴食材本身的味道。

荷塘三韵

设计灵感 浮在湖面上的荷叶，好似一个个玉盘。偶尔，几只青蛙跳到荷叶上，溅起的一朵朵水花落在了"玉盘"里，变成了一颗颗圆滚滚的珍珠。可爱透亮的"珍珠"在"玉盘"里滚来滚去。将看见的风景转变成盘中的意境。

食材

土豆100克
盐1克
核桃仁2个
香油1毫升
猴头菇25克
鸡蛋1枚
脆皮粉15克
千丝酥皮8克
藕条5克
五香辣椒粉2克
有机小西红柿1个
瓜子仁2克
沙拉酱2克
荷叶1张
椰子水20毫升
莼菜芽适量

料理工艺

1. 将土豆切丝洗掉淀粉控水，加盐拌匀，铺在盏形模具中，入油锅炸至金黄定型成为土豆盏。
2. 将核桃仁泡水，加入香油、盐拌匀放在土豆盏中，装盘即可。
3. 将脆皮粉和鸡蛋拌匀调成脆皮糊。
4. 将猴头菇泡发，卤熟后切块，裹上脆皮糊，再粘上千丝酥皮，中间插上藕条，放入油锅中炸熟捞出，撒上五香辣椒粉，装盘即可。
5. 将小西红柿底部切开，将籽瓤挖掉，放入瓜子仁，挤入沙拉酱，装盘即可。
6. 将荷叶放在装盘后的碗上，椰子水和莼菜芽混合倒入荷叶中即可。

美味品鉴

端起荷叶先喝莼菜汤，然后依次品鉴金丝猴头菇、脆盏核桃仁、小西红柿。

海洋的味道

设计灵感｜一直想通过一道菜品呈现海洋的味道，海藻与海带经过处理，保留了海洋的味道，最终在这道菜品中呈现。

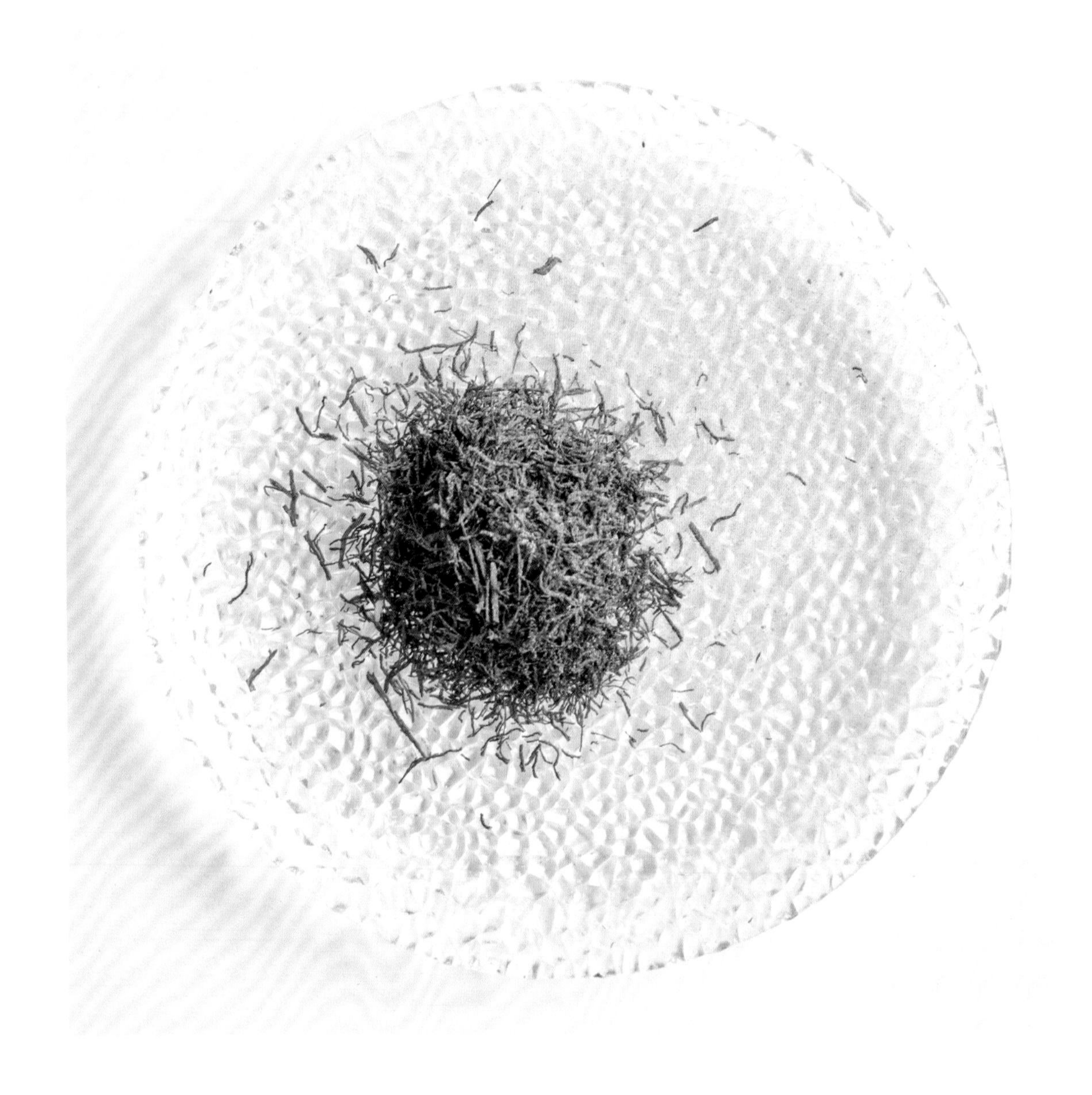

食材

绿色海藻须150克
厚海带200克
黑松露酱10克
海葡萄10克
海带粉2克
淡奶油100毫升
白砂糖20克
盐1克
白胡椒粉1克

料理工艺

1. 海藻须脆：将绿色海藻须冲水去咸味，焯水捞出，加白砂糖和水煮30分钟，捞出后用毛巾吸干水分，放入烘干机中46℃烤6小时成为海藻须脆。
2. 海带慕斯：厚海带泡水一晚，冲去盐水，放高压锅中压30分钟取出，把海带两面的褐色表皮去掉留白色部分，加盐和白胡椒粉放入料理机中打成海带泥。将淡奶油打发至七成，和海带泥拌匀成海带慕斯。
3. 海带慕斯取少许垫底，放上黑松露酱，再挤上海带慕斯，放入海葡萄，撒上压碎的海藻须脆，再撒上海带粉即可。

美味品鉴

用小勺子轻轻地挖下去，海带慕斯与海藻脆粒入口品鉴，酥脆与绵滑的口感伴随着海洋的气息充满口腔。

薄荷酱青豆口蘑

设计灵感 在这个炎热的时节，薄荷一直是清凉消暑的宠儿，将薄荷叶做成酱用来搭配热菜风味十足。

食材

鲜口蘑50克
马蹄20克
青豆8克
柠檬15克
白砂糖10克
盐2克
蘑菇精1克
薄荷酱6克

料理工艺

1. 将口蘑去掉伞底黑色膜，对剖切开，切条纹花刀，放入柠檬水中浸泡备用。马蹄切片，和青豆分别焯水备用。
2. 将口蘑冰镇后焯水，锅中倒入油，下口蘑煎香，放青豆、马蹄炒匀，加薄荷酱炒香，用盐、白砂糖和蘑菇精调味，出锅装盘即可。

薄荷酱制法

食材：鲜薄荷20克，松子3克，腰果10克，大蒜2克，香油20毫升，盐3克，糖3克。
做法：将新鲜薄荷叶用糖腌制半小时，挤干水分，放入锅中焯水后冰镇取出，加入其余料打成酱即可。

美味品鉴

一块口蘑入口伴随着薄荷的清香，与马蹄、青豆搭配，感受清凉与清香。

翠滚玻璃万顷秋，长江又挂水晶球

鲜竹荪水晶松茸球汤

设计灵感 | 一直想把松茸汤以另一种创意效果呈现出来，这里运用了创意的烹饪手法做出水晶松茸球，既保留了松茸汤的鲜美，又做出了艺术感。

食材

带伞鲜竹荪1个
鲜松茸1根
菜胆1棵
素清汤400毫升
乳酸钙2.5克
海藻胶5.5克
纯净水1000毫升
盐2克

料理工艺

1. 将鲜松茸切片，和鲜竹荪柄、素清汤一起放入蒸柜蒸1.5小时，取出盛汤备用。
2. 将取出的汤和乳酸钙打匀，放入冷冰柜冷藏去掉表面泡沫。
3. 将竹荪伞放在圆形模具上，倒入松茸汤至二分之一处，再放一片松茸，倒入汤至满，放入冰箱冷冻6小时成为竹荪松茸球。
4. 将海藻胶和纯净水，用高速搅拌棒搅匀放冰箱冷藏2小时，去除白色泡沫后成海藻胶水。
5. 将冷冻好的竹荪松茸球放入海藻胶水中浸泡1分钟捞出，即成松茸清汤竹荪网水晶球。
6. 将余下的松茸汤加盐调味，放入水晶球，放入蒸柜蒸30分钟，取出放入焯水的菜胆即可。

美味品鉴

用勺子盛起水晶球，入口轻轻咬破，直接爆汁，但要小心烫嘴。

小米竹燕

设计灵感 竹燕窝是四川的特产，这是一种非常名贵的真菌类食品，用在这道菜品中，主要突出特色食材的应用。

食材

竹燕窝5克
黄小米10克
金瓜20克
坚果10克
盐3克
蘑菇精2克
素清汤100毫升

料理工艺

1. 将小米蒸熟备用，金瓜去皮蒸熟和烤香的坚果一起打成泥。
2. 将竹燕窝去除杂质，用毛巾吸干水分，放入蒸柜蒸熟。
3. 将金瓜泥倒入锅中，加入素清汤，加盐和蘑菇精调味，下小米煮软出锅装盘，放上竹燕窝即可。

美味品鉴

可以先品尝一下竹燕窝的原味，口感很特别，然后与小米粥一同拌匀吃。

炭烤牛肝菌

设计灵感 | 云南牛肝菌味道鲜美，用原始炭烤的烹饪方法来做能激发该食材本身独特的香味，这也是云南当地居民最喜爱的烹饪方法之一。

食材

黄牛肝菌3颗
手指胡萝卜半个
鲜百里香2克
干蒜片1克
玫瑰盐1克
孜然粉1克
素黄油3克
无烟炭1颗

料理工艺

1. 将黄牛肝菌洗净切片，吸掉表面水分，用玫瑰盐与鲜百里香腌制5分钟。
2. 平底条纹锅烧热，下素黄油，放入腌制好的牛肝菌和手指胡萝卜，煎出纹路。
3. 将无烟炭点燃，放在炭烤炉上，将牛肝菌放在炭烤炉架上，撒上孜然粉与干蒜片，烤香即可。

美味品鉴

轻轻闻一下牛肝菌散发出的香味，夹起牛肝菌再翻烤另一面，可以先吃一片原味，另外喜欢味道重的再蘸五香辣椒面吃。

酥皮紫薯泥酸奶球塔塔

设计灵感｜极简的北欧风与中国的禅意美学留白有相似的表达点，禅是一种心境，一种追求，这道菜品的呈现便是极简的表达。

食材

酥皮壳
植物黄油100克
低筋面粉60克
白砂糖15克
高筋面粉10克
柠檬汁2毫升

紫薯泥
紫薯100克
淡奶油80毫升
白砂糖10克
白胡椒粉1克

酸奶球
酸奶100克
海藻胶5.5克
水1000毫升
薄荷叶10克
吉利丁片1片

装饰
时蔬苗2克

料理工艺

1. 将酥皮壳的食材拌匀和成面团后压成薄皮，放在酥皮壳模具上，放入烤箱，用上下火160℃烤至微黄即可，取出备用。
2. 将紫薯蒸熟，加入白胡椒粉、淡奶油、白砂糖打成泥即可。
3. 海藻胶加水用高速搅拌棒打成海藻胶水，将挤在胶囊勺子中的酸奶，放入海藻胶水中做成酸奶球。
4. 薄荷叶焯水后冰镇，切碎加水打成酱，与泡软的吉利丁片加热煮开，冷至30℃时淋在酸奶球上即可。将紫薯泥用裱花袋挤入酥皮壳中打底，放入做好的薄荷酸奶球，再放入时蔬苗即可。

美味品鉴

用手轻轻拿起，一口入嘴，可以感受到酥脆滑弹的多重口感与酸奶胶囊的爆浆感觉。

蜜豆百合炒榆耳

设计灵感｜蜜豆与百合搭配清新爽口，老少皆宜，该菜品中加入榆耳使其更加丰富。

食材

蜜豆15克
榆耳20克
百合5克
芦笋5克
盐1.5克
柠檬10克
湿淀粉2克
蘑菇精2克
橄榄油4毫升

料理工艺

1. 将榆耳泡发，清洗干净后切块，芦笋洗净切段备用。
2. 将蜜豆去掉头尾，泡柠檬水中保持色泽。
3. 将榆耳、芦笋和蜜豆焯水捞出，和百合一起放入锅中炒匀，加盐和蘑菇精调味，勾芡淋油出锅，装盘即可。

【知识百科】

榆耳含有一定的天然药性成分，药理实验表明，其代谢产物具有抗产气杆菌、绿脓杆菌、肠杆菌、大肠杆菌及金黄色葡萄杆菌等活性。能补益、和中、固肾气，利尿道。

美味品鉴

可以先由百合吃到蜜豆再到榆耳，味道由清甜到爽脆，很是舒服。

黑椒猴头菇

设计灵感 | 猴头菇经过烹饪处理后有软弹饱满的口感，极似牛排，搭配黑椒汁，使猴头菇的口感更好。

食材

干猴头菇2个
茭白片1片
莴笋片1片
炫纹甜菜根1片
胡萝卜片1片
小干葱1个
鸡蛋1枚
生粉10克
黑椒汁6克
素黄油15克
盐2克

料理工艺

1. 将干猴头菇泡水6小时，中途每隔2小时换一次水。
2. 将猴头菇挤干水分放锅中煮2小时（中途换一次水），取出挤干水分，加入鸡蛋、生粉和盐一起腌制30分钟。
3. 将腌制好的猴头菇放入蒸柜蒸熟至定型取出。
4. 平底条纹锅烧热，放入素黄油，下猴头菇，两面煎出纹路。
5. 将干葱切片，用水煮熟，吸干水分，放入烘干机中，温度为55℃烘2小时，烘成酥脆状态即可。
6. 将茭白片、莴笋片、炫纹甜菜根片和胡萝卜片焯水摆盘，放上猴头菇，淋入黑椒汁，用干葱片装饰即可。

黑椒汁制法

食材：黑椒浓缩汁10克，黑胡椒碎5克，素黄油10克，酱油5毫升，老抽2毫升，鲜百里香2克，干葱3克，水60毫升，盐2克。

做法：锅内放入素黄油，下干葱粒炒香，下黑胡椒碎、鲜百里香炒香，放入其他调料调匀收汁即可。

美味品鉴

食用时，先用刀叉切开猴头菇蘸酱汁品鉴，感受饱满与满足的感觉，最后吃旁边解腻的时蔬片。

荷塘鲜捞三宝

设计灵感 新鲜的藕尖与莲子是当下季节的馈赠，这个季节适合冷吃的方式，便做了一个捞汁来浸泡，保持了食材清脆的口感，也起到了杀菌的作用。

食材

食材1

鲜莲藕尖100克

鲜莲子100克

鲜马蹄100克

食材2

辣鲜露60克

鲜露30克

纯净水80毫升

香醋40毫升

白糖5克

青红小米椒各15克

香菜15克

姜末10克

蒜末8克

青芥末2克

料理工艺

1. 将鲜莲藕尖洗净后切节。
2. 将鲜莲子去壳用牙签去掉莲子芯。
3. 将鲜马蹄去皮后切厚片。
4. 将食材2所有的调料拌匀成鲜捞汁。
5. 将切好的莲藕节、马蹄片、莲子放入鲜捞汁中泡15分钟。
6. 将此量分成5小份即可。

美味品鉴

用荷叶做盛具，清新表达了自然节气，然后再慢慢品鉴食材的味道。

红桂花椰子糕

设计灵感　桂花盛开的季节总是令人陶醉向往，红桂花更是迷人，用红桂花做的椰子糕便是这个节气最美的表达。

食材

椰浆60毫升
椰子水70毫升
椰肉20克
牛奶130毫升
淡奶油95毫升
白砂糖35克
吉利丁片2片
红桂花酱3克

料理工艺

1. 将牛奶、淡奶油、椰浆、白砂糖隔水加热至糖溶化，放入泡好的吉利丁片，融化后关火加入椰肉，倒入模具中冷却定型成为椰汁冻。
2. 将椰子水加冰水泡软的半片吉利丁片煮开，加入红桂花酱拌匀，倒入椰汁冻中冷却成形切块即可。

美味品鉴

用点心小木叉叉起盘中的桂花椰子糕，轻轻放在嘴边闻其香、品其味。

黑枸杞八宝玉液

设计灵感 美玉制成的浆液，选择了八种食材一同熬制，可调和身体。

食材

黑枸杞20粒
决明子2克
老姜1克
陈皮2克
蒲公英1克
党参1克
川贝2克
秋梨20克

料理工艺

1. 将川贝、党参、老姜与秋梨加入纯净水，放入蒸柜中蒸1小时取出成秋梨汤。
2. 将决明子、陈皮、蒲公英放入壶中，冲入秋梨汤，撒入黑枸杞即可。

—— 美味品鉴 ——

将玉液倒入杯中方可慢慢品鉴。

沧海月明珠有泪，蓝田日暖玉生烟

珍珠饼烤菌

设计灵感　北京烤鸭是中华美食经典，这道素食菜品的创作便是植物料理中的经典。

食材

杏鲍菇250克
青瓜20克
大葱10克
杂粮薄脆1片
珍珠饼1个
生粉10克
鸡蛋1枚
烤菌菇酱8克

料理工艺

1. 将青瓜和大葱洗净切成丝备用。
2. 将杏鲍菇用高压锅压熟，取出先切块，再切十字花刀，拍生粉裹蛋液，放入锅中两面煎至金黄取出，放入珍珠饼中，放上青瓜丝、大葱丝和杂粮薄脆，淋上烤菌菇酱即可。

珍珠饼制法

食材：高筋面粉100克，低筋面粉100克，色拉油25毫升，开水80毫升，白芝麻10克。

做法：

1. 将高筋面粉和低筋面粉拌匀，倒入色拉油拌匀，再倒入开水拌匀，揉成光滑的面团。
2. 将揉好的面团分成25克/个的剂子，擀成薄片，取一片，中间放入少许低筋面粉，用另外一片压平压薄，面皮表面喷水粘上白芝麻，放入烤盘中，上下火260℃，烤至膨胀空心，表皮微焦即可取出。

烤菌菇酱制法

食材：甜面酱1500克，小葱15克，老姜20克，胡椒粉5克，十三香3克，白砂糖500克，芝麻酱20克，素蚝油30克，香油150毫升，素海鲜酱250克。

做法：将全部食材拌匀，放入蒸锅中蒸1小时，过滤去渣即可。

美味品鉴

食用前戴好手套，拿起珍珠饼一口咬下，会觉得这是熟悉的味道，更是满足的感觉。

烟熏牛肝菌

设计灵感 | 本菜品想把鲜烤的牛肝菌在短时间内赋予双重风味，所以在最后环节增加了烟熏烹饪。

食材

7～9厘米长的黄牛肝菌1颗
各类应季小时蔬苗30克
百香果沙拉酱5克
百里香2克
苹果木屑2克
坚果脆片、大蒜脆片各2克
玫瑰盐1克
芒果胶囊1个
素黄油3克

料理工艺

1. 将黄牛肝菌洗净切成厚片，用纸吸干表面水分，加百里香和玫瑰盐腌制5分钟备用。
2. 各类应季小时蔬苗洗净放入密封食品玻璃罐中，挤上百香果沙拉酱，撒上坚果脆片。
3. 平底条纹锅烧热放入素黄油，下腌制好的黄牛肝菌，两面煎出纹路取出，再放入平底锅中煎熟即可，用红柳树扦将煎好的黄牛肝菌穿好，放入食品玻璃罐中，撒上大蒜脆片。
4. 把苹果木屑放入烟熏枪中，点燃起烟后，把苹果木烟打入食品玻璃罐中上菜，配上芒果胶囊即可。

美味品鉴

打开密封食品玻璃罐，待熏烟散出再取出罐中的牛肝菌串品尝，喜欢辣味的可以蘸上辣椒面，最后吃芒果胶囊可以解腻。

秋风落叶满空山，古寺残灯石壁间

秋风叶

设计灵感｜秋风乍起，落叶归根；静水东流，孤夜月明。有的人在这样的季节里会伤春悲秋，会在这样的季度里感叹生命的无常。将菜品融入当下的心情。

食材

白巧克力30克
百香果1个
铁棍山药40克
淡奶油200毫升
吉利丁片2片
马斯卡彭奶酪250克
金瓜40克
白糖10克

料理工艺

1. 将白巧克力隔水加热融化，加入用冰水泡软的吉利丁片，搅拌均匀成巧克力酱备用。
2. 将山药蒸熟打成泥，将淡奶油打发至八成，加入山药泥、巧克力酱、马斯卡彭奶酪搅拌均匀成山药奶酪酱。
3. 将山药奶酪酱分成两份，一份放入风叶模具中刮平，放入冰箱冷冻成形。另一份加入百香果汁拌匀，放入风叶模具中冷冻成形。
4. 将金瓜蒸熟打成泥与白糖一起熬煮至浓稠，放入叶子模具中烘干成叶子脆片。
5. 将冻好的山药奶酪叶、金瓜脆片叶放在冰冻的石板上，放上干叶子装饰即可。

美味品鉴

真真假假的世界需要自己分别，找到可食用的叶子慢慢品尝。

豆花莼菜羹

设计灵感 西湖莼菜的鲜美总是令无数食客向往，将莼菜与豆腐做成羹状是一道传统的寺庙名菜。

食材

西湖莼菜20克
豆腐20克
蛋清半个
盐2克
蘑菇精1克
白糖1克
生粉2克
素清汤500毫升

料理工艺

1. 将莼菜泡水洗净控干，豆腐切粒。
2. 锅中倒入素清汤，加盐、白糖和蘑菇精调味后下莼菜与豆腐粒，勾芡后淋入蛋清微煮即可。

美味品鉴

用勺子盛起轻轻入口，可感受鲜香滑嫩的口感。

板栗

设计灵感 在林中闲散幽逛，发现草丛上竟然有几颗掉落的板栗，才明白秋已深，思佳人。就想着把这个场景转换成餐桌的菜品。

食材

食材1

鲜板栗300克
板栗酱200克
牛奶130毫升
淡奶油300毫升
吉利丁片18克
朗姆酒3毫升

食材2

白砂糖250克
水65毫升
奶油150毫升
植物黄油20克

美味品鉴

拿起竹扦串上板栗慕斯，观赏后入口品鉴。

料理工艺

1. 将食材1中的鲜板栗加牛奶煮开后，打成板栗泥，加入隔水加热融化的吉利丁片搅匀，再与板栗酱混合均匀。
2. 将淡奶油打发至七成，与混合板栗酱、朗姆酒拌匀，挤入板栗模型中，冷却定型。
3. 将食材2中的白砂糖和水放入锅中，中火煮至琥珀色关火，加入奶油与植物黄油，轻轻搅拌均匀成焦糖酱即可。
4. 将冷却定型的板栗裹上焦糖酱即可。

自制豆腐

设计灵感 从小最开心的就是提着桶跟着长辈们去用石磨磨黄豆做豆腐，本菜品的设计源于儿时的记忆。

食材

黄豆75克
石膏液15克
水450毫升
XO酱10克
芹菜末15克
坚果碎25克
生抽10毫升

料理工艺

1. 将黄豆泡水5小时后捞出，加水打两次，成生豆浆。
2. 将打好的生豆浆过滤后，用慢火边搅拌边加热6分钟，将豆浆煮熟。
3. 将煮好的豆浆去浮沫后冷却，待温度降至85℃左右时，从高处将豆浆冲入放有石膏液的盆中，静置8分钟即成豆腐。
4. 将做好的豆腐配上生抽、坚果碎、芹菜末、XO酱一起上桌。

美味品鉴

先用小勺把热腾腾的豆腐舀到碗中，再加入XO酱、生抽、芹菜末和坚果碎，新鲜热烫的豆腐就可以食用了。

自制香菇酱山药

设计灵感 山药与香菇酱油搭配、口味刚刚好，可突破山药清淡的口感。

食材

铁棍山药80克
土鸡蛋1枚
土豆50克
香菇酱油8毫升
牛奶15毫升
海盐2克
淡奶油20毫升
苹果醋3毫升

料理工艺

1. 将土豆去皮洗净，切块蒸熟后打成土豆泥，加淡奶油、牛奶煮开收汁至浓稠，倒入盘子底部。
2. 将土鸡蛋放入低温机中用67℃煮70分钟后取出成温泉蛋，放在盘子底部的土豆泥上，再撒上海盐。
3. 将铁棍山药去皮切片，用淡盐水清洗黏液，用苹果醋炖2分钟，控干水分放在盘中，滴上香菇酱油即可。

美味品鉴

食用时，可以先品尝山药与酱油的原味，再将温泉蛋与土豆泥混合盛起，品尝温泉蛋的滑嫩。

松柏叶烤羊肚菌

设计灵感｜松柏叶的香熏味一直在记忆里，小时候快过年时做腊熏的味道在村里飘香，都是松柏的香味，此菜品想用羊肚菌搭配还原出儿时的味道。

食材

松柏叶4片
羊肚菌1个
盐0.5克
蘑菇精0.5克
孜然粉0.5克
白胡椒粉0.5克
腌料水50毫升
植物黄油3克

料理工艺

1. 将羊肚菌洗干净，放入腌料水中腌制5分钟后取出。
2. 将羊肚菌放入煎锅中，放植物黄油、盐、蘑菇精、孜然粉和白胡椒粉煎香。
3. 将煎好的羊肚菌放入洗干净并烘干水分的松柏叶上。
4. 上桌时再用火枪点燃松柏叶，微醺一下即可。

美味品鉴

上菜时用火枪点燃松柏叶，松柏叶的烟熏入羊肚菌内，入口感受羊肚菌的鲜美与独特的烟熏香味。

虫草花炖牛肝菌

设计灵感 此道菜品想用纯净水和深山菌菇融合，感受汤的鲜美。

食材

黄牛肝菌30克
虫草花5克
灵芝15克
海盐2克
素清汤200毫升
纯净水500毫升

料理工艺

1. 将黄牛肝菌切片，灵芝和虫草花用纯净水泡发。
2. 将黄牛肝菌、灵芝和虫草花放入汤盅中，倒入素清汤炖2小时，加海盐调味即可。

美味品鉴

食用时先盛汤品其味，再食菌菇品尝其味。

太极杏仁露

设计灵感 | 太极文化是中华文化的精髓。此道菜品用杏仁露和黑芝麻露搭配，呈现出太极的形状，感受人与自然和谐共处之道。

食材

甜杏仁100克
黑芝麻50克
黑芝麻粉10克
黏米20克
冰糖15克
牛奶20毫升
熟生粉10克
竹炭冰皮饼1个

料理工艺

1. 杏仁露制作：将杏仁50克加黏米泡水2小时后，加入牛奶10毫升，一起倒入料理机打碎过滤，反复打碎三次，将过滤好的糊倒入锅中，加冰糖7.5克煮开，用熟生粉5克勾芡至浓稠状即成杏仁露。
2. 黑芝麻露制作：将杏仁50克和黑芝麻泡水2小时后，加入牛奶10毫升与黑芝麻粉，一起倒入料理机打碎过滤，反复打碎三次，将过滤好的糊倒入锅中，加冰糖7.5克煮开，用熟生粉5克勾芡至浓稠状即成黑芝麻露。
3. 将两种糊分别用勺子做成太极形状，搭配竹炭冰皮饼即可。

美味品鉴

用勺子各盛起黑芝麻露与杏仁露分别尝一下原味，然后混合一起品鉴，最后吃竹炭冰皮饼。

暮江初涨浪翻狂，一叶轻舟泛渺茫

宫保猴头菇

设计灵感 "嫋嫋兮秋风，洞庭波兮木叶下"，"落叶"最初以"木叶"这样古朴的姿态出现在古诗中，想表达对某人的思恋。

食材

猴头菇100克
莴笋20克
大葱丁10克
姜片3克
蒜片3克
盐2克
花椒2克
干辣椒段5克
鸡蛋1枚
生粉10克
料酒2毫升
宫保汁20克
色拉油15毫升

料理工艺

1. 将猴头菇煮熟挤干水分切块，加入鸡蛋、生粉和盐拌匀腌制。
2. 将腌制好的猴头菇过油定型。
3. 将莴笋洗净切块后焯水备用。
4. 锅中倒入油，下姜片、蒜片和干辣椒段、花椒炒香，倒入莴笋、猴头菇和大葱丁炒香，倒入料酒炒匀，倒入宫保汁炒匀即可出锅装盘。

宫保汁制法

食材：陈醋50毫升，糖28克，盐1克，蘑菇精2克，素高汤20毫升，生粉3克，白胡椒粉1克，红曲粉1克。

做法：将全部食材放一起拌匀即成宫保汁。

美味品鉴

一块猴头菇入口，感受川菜宫保的糊辣荔枝味。

点心三品

设计灵感 | 真和假的概念有很多层次，不是单纯的一个真和假，世上的人把假的东西都当作真的了，真的东西反而把它作为假的了。想通过这道菜品来表达这个含义。

碎了的蛋

食材

白巧克力100克，熟芒果300克，纯净水1030毫升，乳酸钙5.5克，银耳汁50毫升，果冻粉5克，鸡蛋1枚，海藻胶5.5克。

料理工艺

1. 在鸡蛋壳上包上保鲜膜。粘上隔水融化的白巧克力冷藏，定型后取出即可。
2. 将熟芒果肉加纯净水30毫升加乳酸钙打成芒果泥过滤备用。纯净水1000毫升加海藻胶用搅拌棒打匀放冰箱冷藏备用。将芒果泥用挤瓶挤入胶囊勺子中，放入海藻胶水中即成芒果胶囊，取出用清水过滤即可。
3. 将银耳汁和果冻粉煮开后冷藏成银耳汁果冻即可。将盘子用火枪轻微喷热，放上巧克力蛋壳，再放入银耳汁果冻，再放上做好的芒果胶囊即可。

提拉米苏盆栽

食材

花盆食材：黑巧克力100克，淡奶油50毫升，吉利丁粉5克。

慕斯体食材：蛋黄4个，糖粉65克，白糖50克，吉利丁片4片，马斯卡彭奶酪500克，淡奶油250毫升，朗姆酒2毫升。

坚果土食材：黑芝麻200克，松子20克，腰果30克，白糖80克。

其他食材：时令水果10克，时蔬苗2克。

料理工艺

1. 制作花盆：将黑巧克力隔水融化，加入用冰水泡开的吉利丁粉搅匀，拌入打发的淡奶油搅匀，倒入花盆壳模具中冷冻定型取出即可。
2. 制作慕斯体：先将蛋黄、糖粉、白糖、吉利丁片混合后隔水加热搅拌至60℃后与由马斯卡彭奶酪和淡奶油拌匀打发至七成的混合物拌匀，再加入朗姆酒拌匀，即成慕斯体。
3. 将做好的慕斯体放入花盆中，在慕斯体上撒一些水果，冷藏即可。
4. 制作坚果土：将白糖放入锅中炒溶化，放入黑芝麻、松子、腰果炒匀，取出放凉，放入料理机中打碎成坚果土即可。
5. 将花盆提拉米苏取出，上面撒上坚果土，放入可食用的时蔬苗即可。

板栗酥

食材

酥皮食材：白砂糖100克，鸡蛋1枚，水300毫升，可可粉25克，椰子油350毫升，植物黄油250克，起酥油250克，土豆粉50克，低筋面粉500克。

馅料食材：板栗泥100克，新鲜的板栗碎20克，核桃10克，松子10克。

料理工艺

1. 将低筋面粉、白砂糖、鸡蛋、水、可可粉倒入搅拌机中，高速搅打20分钟，再拌入椰子油、植物黄油、起酥油、土豆粉拌匀，即成酥皮。
2. 将板栗泥加入板栗碎和核桃、松子拌匀即成馅料。
3. 将做好的酥皮，包入馅料做成板栗形状，放入烤盘中，用上下火180℃，烤制20分钟即可。

美味品鉴

食用时，先从小花盆开始吃，用勺子连壳带土一起吃很有意义，然后吃鸡蛋，非常有趣，最后来两颗秋季的板栗，趣味与美味并存。

龙眼米酒黑枸杞

设计灵感 寒露节气有吃米酒的习俗，以尊重传统得以延续传承，便有了最初的灵感，后来把黑枸杞打成汁做成胶囊增加几分趣味。

食材

黑枸杞30克
龙眼3个
米酒100毫升
白砂糖1克
乳酸钙5.5克
水1000毫升
海藻胶5.5克

料理工艺

1. 将黑枸杞泡水加乳酸钙打成黑枸杞汁，海藻胶加水用高速搅拌棒打成海藻胶水。
2. 将黑枸杞汁挤入胶囊勺内，放入海藻胶水制成黑枸杞胶囊。
3. 将米酒加龙眼和白砂糖煮出味。
4. 将煮好的米酒倒入盘中，放上黑枸杞胶囊即可。

美味品鉴

将瓶中熬好的酒酿倒入龙眼黑枸杞中，再慢慢品鉴。

婆娑碧叶斗霜寒，土掩精灵蓄毓丹

柚皮萝卜

设计灵感　本道菜品想表达食材的本真本味。

食材

蜜柚皮500克
蜜柚肉200克
冰糖200克
老姜3克
手指萝卜1根
盐4克
水1000毫升
柠檬冰水100毫升
萝卜嫩苗1棵

料理工艺

1. 将蜜柚皮去掉白色的部分，只保留黄色表皮，将其切成细丝，用盐水浸泡2小时，中途需换三次水。
2. 锅中加水煮开，下冰糖煮至溶化，转小火，倒入蜜柚皮丝和老姜，煮至蜜柚皮丝呈透明状，下蜜柚肉，煮至汤汁黏稠时即可，冷却备用。
3. 将手指萝卜去皮，切成薄片，用柠檬冰水泡后取出，取一片手指萝卜放入盘中，在上面放上几根蜜柚皮丝，再放上一片手指萝卜，再放上几根蜜柚皮丝即可，滴上几滴蜜柚糖水，用萝卜嫩苗装饰即可。

美味品鉴

用筷子夹起食材，一同入口，感受手指萝卜的原味与柚皮的清香。

橡果森林

设计灵感｜艺术家团体teamlab在埼玉县所泽市东所泽公园武藏野森林公园的常驻展出令我深受启发，以此为灵感来创作这道菜品。

食材

巧克力100克
鸡蛋液250克
白砂糖350克
淡奶油150毫升
柠檬皮1个
低筋面粉270克
泡打粉5克
盐1克
橡果、核桃碎各50克
植物黄油100克

料理工艺

1. 将鸡蛋液与白砂糖打成乳化状和打发至八成的淡奶油拌匀，加入过筛的低筋面粉和泡打粉，再放入搓碎的柠檬皮与坚果碎拌匀，再放入盐和隔水加热融化的植物黄油拌匀，成酱。
2. 将调好的酱挤入橡果模具中烤至定型后取出成橡果柠檬厚蛋糕。
3. 将巧克力隔水加热融化成巧克力浆，取出橡果形状的橡果柠檬厚蛋糕，挂上巧克力浆冷却后，放入器皿中即可。

美味品鉴

轻拿起灰色橡果入口品鉴。

香卤黑虎掌菌白玉豆腐

设计灵感｜唐朝服饰裙衣飘漾，很优美灵动。想把菜品赋予这样的气质，给食材披一层白色轻纱。

食材

卤虎掌菌200克
嫩豆腐1块
牛奶100毫升
盐2克
面粉30克
生粉20克
五香辣椒粉3克

料理工艺

1. 将卤虎掌菌加入面粉拌匀，用保鲜膜包好放入蒸柜蒸20分钟取出，改刀成形，放入盘中。
2. 将嫩豆腐泡水去豆腥味，加入牛奶、生粉、盐，用料理机打匀，放入蒸盘蒸10分钟即可，取出划好成形，盖在卤虎掌菌上，撒上少许五香辣椒粉即可。

美味品鉴

食用时，先吃白色的豆腐面纱，然后切开虎掌菌，品自然森林深处的味道。

西湖水八仙莲花汤

设计灵感 美食纪录片《舌尖上的中国》第三季中，讲述了90岁的芜湖武术家张修林过寿宴的故事，他的寿宴第一道凉菜是"水八仙"。在节目中，厨师把八样水生植物做成一道菜，让人惊叹。

食材

鸡头米10克
慈姑10克
马蹄10克
莼菜15克
水芹5克
莲藕20克
菱角5克
干九品香水莲花1朵
盐2克
素清汤500毫升
老姜2克

料理工艺

1. 将鸡头米、慈姑、马蹄、莼菜、水芹、莲藕、菱角分别洗净后，加工处理后焯水备用。
2. 在碗中倒入素清汤，放入姜片和焯过水的食材，并加盐调味，放入蒸柜中蒸2小时后取出姜片。
3. 蒸好后取出，上桌时配上九品香水莲花即可。

—— 美味品鉴 ——

热气腾腾的水八仙上桌后，把九品香水莲花放入碗中静待花盛开出香味，再品鉴莲花香味的水八仙。

木瓜炖雪燕

设计灵感 西湖畔下，伊人乘船打伞而来。此菜品想还原这样的情景。

食材

海南熟木瓜1个
雪燕20克
椰奶30毫升
去核红枣15克
冰糖15克

料理工艺

1. 将木瓜洗净切斜刀开盖，用勺子刮去籽与瓤。
2. 雪燕用纯净水泡出拉丝的状态。
3. 将去核红枣加冰糖一起炖1小时，取出打成汁过滤。
4. 先将木瓜放入蒸柜蒸20分钟，再将雪燕放入木瓜中一起蒸5分钟。
5. 将椰奶和枣汁蒸好放入小杯子中。
6. 食用时可根据个人口味选择搭配椰奶和枣汁。

美味品鉴

将红枣汁与椰奶按照口味，倒入木瓜船中的雪燕上，拌匀品尝。

雪梨冻佐玉米胶囊

设计灵感　霜降是秋季的最后一个节气，此时天气渐凉，秋燥明显，燥易伤津。梨味道甜美细嫩，含有的丰富梨汁还能够有效帮助润肺生津、清热去燥。

食材

香梨1个
干银耳200克
鲜人参1根
姜片30克
鲜水果玉米500克
冰糖200克
红桂花10克
海藻胶水1000毫升
乳酸钙5.5克

料理工艺

1. 将玉米打成汁煮熟，放凉过滤后加入乳酸钙打匀，放入海藻胶水中，做成玉米胶囊。
2. 将香梨去皮，中间掏空后备用。
3. 将干银耳泡好加冰糖、姜片、鲜人参放入蒸柜蒸2小时。
4. 将蒸好的银耳羹倒入掏空的香梨中蒸20分钟取出，用红桂花点缀即可。

美味品鉴

食用时，先用小勺喝雪梨银耳羹，再吃香软的雪梨，最后吃这个时节新鲜玉米做的胶囊。

柿子慕斯

设计灵感 到了深秋霜降时节，在田地里秋收的人们，一抬头就看见了田边那如红灯笼一般的柿子。把看见的风景转换成盘中的美食。

食材

熟柿子3个
淡奶油150毫升
纯牛奶150毫升
吉利丁片4片
坚果碎适量
白砂糖90克
柿子酱30克
蜂蜜20克
蛋黄4个
低筋面粉50克
杏仁粉30克
蛋清2个
无盐黄油15克
朗姆酒2毫升
纯净水50毫升

料理工艺

1. 制作朗姆酒糖渍柿子：将柿子去皮切丁，将白砂糖45克放入平底锅，用小火加热至颜色变深后关火，再加入无盐黄油和朗姆酒拌匀，再开火加柿子丁拌匀，关火取出朗姆酒糖渍柿子，冷却备用。
2. 制作蛋糕饼底：烤箱预热到190℃，将蛋清打发至四成，白砂糖分3次放入，打出浓稠有光泽的蛋白霜。将蛋黄用打蛋器打匀倒入蛋白霜，将低筋面粉与杏仁粉混合后筛入蛋白霜中轻微搅拌，倒入烤盘抹平烤10分钟，取出后压出圆形蛋糕饼底备用。
3. 制作慕斯体：将吉利丁片用冰水浸泡备用，淡奶油打发至八成备用。将蛋黄打发后缓缓倒入煮开的牛奶中，边倒边搅拌，用小火加热至浓稠状离火。加入吉利丁片2片、蜂蜜10克和柿子酱10克一起搅拌冷却。加入一半打发的淡奶油拌匀，再加剩下的一半搅拌均匀，即成慕斯体。
4. 将慕斯体倒入圆形模具中三分之一处，放入朗姆酒糖渍柿子，再倒慕斯体至模具三分之二处，放蛋糕饼底，再倒入慕斯体至满，放入冰箱冰冻成形取出。
5. 将剩余的柿子酱和蜂蜜加纯净水50毫升煮开，放吉利丁片2片，稍冷时淋在圆形慕斯上即可。
6. 慕斯冷却定型后，取出底部粘上坚果碎，放入盘子摆盘即可。

美味品鉴

用小勺子挖开慕斯体，从表层柿子酱到慕斯层最后的柿子馅，口味层次分明，酸甜渐进。

菌菇芯荷仙菇佐青豆浓汤

设计灵感　黑土陶碗与青铜爵杯的搭配，带着浓厚的历史沉淀文化，此道菜品可以通过器具感受时间的长廊。

食材

杏鲍菇250克
椰浆20毫升
荷仙菇20克
小嫩青豆200克
绿海藻须1根
素黄油15克
淡奶油180毫升
牛奶120毫升
洋葱粒10克
素清汤100毫升
盐2克
白胡椒粉1克
蘑菇精2克

料理工艺

1. 将杏鲍菇煮熟取芯，先切成圆柱形，再在表面切十字花刀，用椰浆浸泡10分钟取出，吸掉表面椰浆，锅中放入素黄油，煎至两面金黄。
2. 将荷仙菇焯水，清炒装盘，再放上煎好的杏鲍菇芯，放上绿海藻须即可。
3. 将小嫩青豆焯水后冰镇，放入料理机中打成青豆汁。
4. 锅内放入素黄油加热，下洋葱粒炒至透明色，下打好的青豆汁、淡奶油、牛奶和素清汤，加盐、蘑菇精、白胡椒粉调味，熬至微浓稠程度，过滤去渣即可。
5. 将青豆浓汤放在爵杯中搭配杏鲍菇和荷仙菇上桌即可。

美味品鉴

将爵杯里面的青豆浓汤淋入菌菇荷仙菇中，用小勺盛起品尝。

冬

Winter

立冬

秋去冬来，立冬是二十四节气中的第十九个节气。每年11月7、8日之间，太阳位于黄经225°时为立冬节气。立冬后，日照时间将继续缩短，正午太阳高度继续降低。按气候学标准，“立冬为冬日始”的说法与黄淮地区的气候规律基本相符。实际上，除全年无冬的华南沿海和长冬无夏的青藏高原外，各地的冬季并非都始于立冬日。

小雪

小雪是二十四节气中的第二十个节气。11月22日或23日，太阳到达黄经240°时为小雪。小雪节气，广大地区刮起西北风，白天变短，夜间气温逐渐降到0℃以下，大地尚未过于寒冷，开始降雪，雪量不大，故称小雪。此时寒潮和强冷空气活动较为频繁。黄河以北地区会出现初雪，人们需注意御寒保暖了。南方江淮地区开始呈现初冬景象。

大雪

大雪是二十四节气中的第二十一个节气，此时太阳到达黄经255°。大雪的到来，预示着天气更加寒冷。这时，大部分地区的最低温度都降到了0℃或以下，在强冷空气前沿，冷暖空气交锋的地区，通常会降大雪，甚至暴雪。大雪和小雪、雨水、谷雨等节气一样，都是直接反映降水的节气。

冬至

冬至是二十四节气中的第二十二个节气。每年12月22日左右，太阳到达黄经270°时为冬至。冬至这天，太阳直射地面的位置到达一年的最南端，几乎直射南回归线，这一天北半球的白昼最短，且越往北越短，黑夜最长。“吃了冬至饭，一天长一线”，冬至后，白昼时间日渐增长，而夜晚渐渐缩短。

小寒

小寒是二十四节气中的第二十三个节气，与大寒、小暑、大暑一样，是表示冷暖变化的节气，也是跨年的节气。每年1月5日或6日，太阳到达黄经285°时为小寒。小寒的到来，标志着天气进入一年中最寒冷的时节。小寒三候为：“一候雁北乡，二候鹊始巢，三候雉始鸲”。古人认为大雁顺阴阳而迁移，此时阳气已动，大雁开始向北迁移；喜鹊开始筑巢；雉因感到阳气生长而鸣叫。

大寒

大寒是二十四节气中的最后一个，每年1月20日前后，太阳到达黄经300°时即为大寒。至此，节气轮回，下一个节气就是立春，新一轮的循环往复即将到来。“大寒年年有，不在三九在四九”。大寒和小寒是表示寒冷程度的节气，此时，寒潮南下频繁，是大部分地区一年中最冷的时期，风大、低温；北方正值“四九”天气，黄河以北积雪不化，更是一片天寒地冻的严寒景象。

芙蓉黑松露鹰嘴豆泥

设计灵感 所谓的“匠人”，是将一份工作做到极致，“匠人精神”就是这背后的坚持。对于一件事专注的过程，即是求道的过程，所有的“术”层面的努力都是对更为上层的“道”的追求，心有操守并一以贯之，在成就作品的同时也成就了更好的自己。

食材

鹰嘴豆100克
黑松露10克
鸡蛋1枚
胡萝卜30克
山药泥30克
青豆20克
橄榄油20毫升
芝麻酱30克
姜、蒜各3克
盐2克
生粉12克
柠檬汁2毫升
牛奶45毫升
炼乳5克
白胡椒粉2克

料理工艺

1. 将鹰嘴豆泡水一晚，把表皮膜用手搓掉洗净，加水，放入蒸柜中蒸1小时，取出与牛奶、芝麻酱、姜、蒜、盐、生粉、柠檬汁、橄榄油一起放入搅拌机，打成鹰嘴豆泥。
2. 将打均匀的鹰嘴豆泥放入蒸盘中，放入蒸柜中蒸半小时定型，用圆形模具压成圆柱形备用。
3. 将鸡蛋与水按照1：2.5的比例调好，将调好的蛋液放入盘子中放入蒸柜，用保鲜膜封好蒸10分钟定型后成芙蓉鸡蛋。
4. 把鹰嘴豆泥放在芙蓉鸡蛋上，将黑松露撒在鹰嘴豆泥上。
5. 将蒸熟的山药泥加入炼乳、牛奶放入搅拌机中打成泥，用裱花袋挤在芙蓉鸡蛋上面。青豆煮熟加盐、白胡椒粉打成青豆酱，挤在山药泥上。
6. 将胡萝卜放入蒸柜中蒸熟，放入搅拌机中打成汁过滤，从盘子旁边轻轻地淋入盘内即可。

美味品鉴

用小勺先品黑松露鹰嘴豆泥，接着品尝芙蓉鸡蛋，感受多层次的味道。

奶油蘑菇汤吐司脆

设计灵感 奶油蘑菇汤起源于法国，汤汁浓稠，品味偏咸，但是又很鲜美，本菜品在其基础上进行了改良。

美味品鉴

先吃蘸着奶油蘑菇汤的酥脆吐司条，再喝汤品鉴。

食材

蘑菇50克
洋葱8克
素黄油20克
蒜2克
黑胡椒粉2克
淡奶油100毫升
面粉15克
水适量
盐2克
吐司面包1片
沙拉酱2克
可食用蔬菜苗少许

料理工艺

1. 将蘑菇切片、洋葱切碎、蒜切末备用。
2. 锅中放入素黄油加热，待其融化后倒入蘑菇炒软盛出备用。
3. 利用油锅炒香蒜末，倒入洋葱清炒至透明状后，拣出洋葱。
4. 锅中放入素黄油加热融化后，倒入适量的面粉，炒出面糊状倒入清水，搅拌均匀倒入蘑菇。再倒入适量的淡奶油转小火，加盐、黑胡椒粉调味煮沸盛出，放入搅拌机打成汁过滤成蘑菇汤，倒入盘中。
5. 锅中放素黄油，将蘑菇煎熟，放入蘑菇汤中。
6. 将吐司面包片切成宽2厘米的长条，放入锅中两面煎至微黄酥脆，放在盘边上，挤上沙拉酱，放可食用蔬菜苗装饰即可。

脆筒鸡头米

设计灵感 | 此菜品借鉴脆皮手卷的设计方式，做得更加精巧。

食材

春卷皮1张
鸡头米30克
彩椒、芦笋各5克
玫瑰盐1.5克
蘑菇精1克
脆筒模具1个
老姜2克
白胡椒粉1克
大豆油500毫升
湿淀粉1克

料理工艺

1. 将鸡头米加老姜、玫瑰盐1克、适量水、白胡椒粉一起放入蒸柜中蒸熟至软弹，取出备用。
2. 春卷皮用脆筒模具包好，放入六成热油温中浸炸至金黄酥脆取出后吸油。
3. 锅入少许油，加入鸡头米、芦笋粒、彩椒粒炒香后加玫瑰盐、蘑菇精调味，勾薄芡炒匀即可。
4. 将炒好的鸡头米放入炸好的脆筒中，装盘即可。

美味品鉴

轻拿起脆筒，入口感受。

三色菌菇饺子

设计灵感 立冬吃饺子是传统民俗，这里在家常饺子的基础上，改变馅料、改变颜色，让人耳目一新。

食材

中筋面粉600克
水100毫升
菠菜50克
芒果100克
菌菇馅15克
时蔬馅15克
水果馅15克

料理工艺

1. 将中筋面粉200克加水100毫升揉匀，用保鲜膜包好醒20分钟，擀成白色饺子皮，包入菌菇馅，成菌菇饺子。
2. 将菠菜焯水冰镇后打成菠菜汁，取菠菜汁100克与中筋面粉200克混合，揉好后醒20分钟，擀成绿色饺子皮，包入时蔬馅，成时蔬饺子。
3. 将芒果打成汁，取芒果汁100克加中筋面粉200克混合揉匀，醒20分钟，擀成黄色饺子皮，包入水果馅，成水果饺子。
4. 将包好的三种颜色的饺子蒸15分钟，或煮5分钟即可。

三种馅料制法

1. 白玉菇、金针菇、松露酱炒香加盐调成菌菇馅。
2. 有机时蔬、胡萝卜、玉米粒炒熟加盐调成时蔬馅。
3. 芒果、火龙果切粒调成水果馅。

美味品鉴

热气腾腾的饺子一口一个，感受三种颜色饺子的不同口感。

两个辣椒

设计灵感　四川人对辣椒的情怀是融入骨子里的，这道写意版的辣椒菜品让人眼前一亮。

食材

土豆1个（约300克）
蛋清20克
生粉5克
鹰粟粉5克
盐2克
五香辣椒面5克
牛油果粉5克
绿色辣椒馅15克
红色辣椒馅15克

料理工艺

1. 将土豆去皮洗净，用刨片机刨成半透明的薄片，用盐腌制1分钟。
2. 将土豆的盐分与淀粉用水冲掉，用厨房纸巾把土豆片两面的水分吸掉。
3. 取一片土豆片放在托盘里摊开铺平，用毛刷把生粉刷上，刷均匀后再刷蛋清，最后刷上薄薄的一层鹰粟粉，另外一片土豆片也采用同样的做法。
4. 把两片土豆片叠合在一起，用辣椒形模具压成辣椒形状，把土豆片四周边缘捏紧，放入四成热的油温中，炸至发胀空心、呈金黄色取出，吸油备用。
5. 取出一个辣椒土豆壳表面粘上五香辣椒面，在辣椒背部开一个小口，放入调好的红色辣椒馅，用小铁钩挂在辣椒树上装盘即可。
6. 取出另外一个辣椒土豆壳表面粘上牛油果粉，在辣椒背部开一个小口，放入调好的绿色辣椒馅，用小铁钩挂在辣椒树上装盘即可。

绿色辣椒馅制法

食材：牛油果1个，雪梨20克，芝麻沙拉酱8克。
做法：将牛油果切小粒与雪梨粒、芝麻沙拉酱拌匀即可。

红色辣椒馅制法

食材：榆耳10克，木耳5克，莴笋5克，杏鲍菇10克，黄红彩椒各5克，东古酱油2毫升，辣椒油5克，盐1克。
做法：以上食材切细丝备用，焯水后捞出，锅内放入油，加入食材炒匀调味盛出即可。

美味品鉴

食用时，先吃红色辣椒，香辣爽脆。再吃绿色辣椒，清新解辣。

菌皇酱豆腐配五常大米

设计灵感　川菜的麻婆豆腐是深受人们喜爱的家常菜品，将里面的臊子换成菌菇酱，森林里菌菇的香味扑面而来，别有一番风味。

食材

豆腐200克
菌皇酱30克
青蒜苗15克
豆瓣酱10克
豆豉5克
辣椒粉5克
酱油10毫升
川盐4克
湿淀粉5克
素汤120毫升
大豆油80毫升
五常大米80克

料理工艺

1. 将豆腐改刀成2厘米的方块，放入开水锅中加川盐2克，煮开捞出备用。
2. 青蒜苗洗净后切小节。
3. 锅内放入油，加入豆瓣酱炒出香味，加辣椒粉炒出色，下豆豉与菌皇酱炒香，加入素汤，再下入豆腐，加酱油和川盐调味，烧制3分钟，分三次勾芡，至汤汁浓稠，均匀地包裹在豆腐上，下青蒜苗煮熟即可。
4. 配上蒸熟的五常大米饭即可。

美味品鉴

用小勺将菌皇豆腐盛在米饭上，然后微拌后入口品鉴。

豉油皇白灵菇

设计灵感　食材的原味加上豉油的提鲜，让白灵菇得到了升华，使得嫩滑有口感的食材相得益彰。

食材

新鲜白灵菇1颗（约300克）
菜心3根（约15克）
大葱白10克
小米椒圈3克
牛奶50毫升
姜片5克
豉油皇汁20克
花生油50毫升
白卤水1500毫升

料理工艺

1. 白灵菇用白卤水煮熟，改刀成片，用牛奶腌制30分钟。
2. 在盘子底部垫上大葱白、姜片，再放上白灵菇片，放入蒸柜蒸熟取出，然后叠上菜心秆，放上用小米椒圈绑好的大葱白丝，淋热油，倒入豉油皇汁即可。

豉油皇汁制法

食材：西芹200克，胡萝卜200克，干香菇蒂100克，姜50克，香葱50克，洋葱50克。
调味料：海带松20克，八角1颗，美极鲜味汁300毫升，蘑菇精100克，冰糖100克，豉汁20克，生抽600毫升，老抽50毫升，清汤5000毫升。
做法：用花生油炒香食材，加入清汤，熬出味，20分钟后去渣。加入调味料调味，煮10分钟即成豉油皇汁。

美味品鉴

将菜品切小块入口，食材原味与鲜度在口腔里散发，得到了极强的满足感。

珍馐四鲜佐莲花汤

设计灵感 | 这道菜品的设计来源于食盒，通过特色的装盘来呈现一道菜品。

食材

鲜冬菇10克
豆腐20克
鸡蛋1枚
生粉5克
素清汤350毫升
青柠檬1个
茭白25克
苹果醋3毫升
盐2克
香油5毫升
白糖1克
鲜松茸1颗
寿司酱油2毫升
黑松露2克
玉米10克
菌菇粒10克
芦笋10克
春卷皮1张
蘑菇精1克
白玉菇15克
九品香水莲花1朵
莲子5克

料理工艺

1. 制作冬菇塔：将鲜冬菇挖空，豆腐压成泥加鸡蛋、生粉调味后填入冬菇内，放入锅中两面煎黄，加少许素清汤微煮，收干水分即成冬菇塔。
2. 制作青柠茭白：将青柠檬去肉挖空，将茭白去皮切薄片，加柠檬汁、苹果醋、盐、香油、白糖拌匀，盛入青柠檬中即成青柠茭白。
3. 制作松茸刺身：鲜松茸用竹片刮去外皮，用餐巾纸擦干后切片配上寿司酱油即可。
4. 制作石榴水晶包：将黑松露切碎，和玉米、菌菇粒、白玉菇、芦笋放入锅中炒熟，加蘑菇精和盐调味后用春卷皮包裹好，放入蒸柜蒸2分钟即可。
5. 九品香水莲花加莲子、素清汤炖45分钟即可，将冬菇塔、青柠茭白、松茸刺身和石榴水晶包与莲花汤一起搭配上桌。

美味品鉴

食用时，先品尝加入酱油后的鲜松茸，再吃青柠茭白，然后慢慢地喝一口莲花汤，再吃石榴水晶包，最后吃冬菇塔。

红糖芒果糍粑

设计灵感 | 小时候家里长辈用木槌打出的糍粑又香又糯，长时间没有吃到，思念的感觉越来越重，便有了做这道菜的冲动。

食材

糯米200克
黄豆100克
花生米20克
高筋面粉10克
色拉油30毫升
水80毫升
红糖40克
芒果粒30克
糯米粉20克

料理工艺

1. 将糯米用清水浸泡一晚，泡好后放入蒸柜蒸熟，取出备用。
2. 将黄豆放入不粘锅小火炒，再下花生米炒至黄豆裂开，盛出放凉，用搅拌机打碎成花生黄豆粉。
3. 蒸熟后的糯米用棍子来回搓至无颗粒状，切成长条，中间包上芒果粒，拍点糯米粉下锅煎至两面金黄，淋上红糖水（红糖加水煮化即可），最后撒上花生黄豆粉即成糍粑。
4. 制作蕾丝网：高筋面粉加色拉油、水调匀后倒入不粘锅，用小火烘出网格取出即成蕾丝网。
5. 将蕾丝网放在糍粑旁装饰即可。

石斛炖台蘑

设计灵感 | 石斛有“千金草”之称，具有药用价值，和台蘑一起炖汤，可以增加口感和营养。

食材

干石斛2克
鲜石斛5克
台蘑20克
黑芸豆15克
竹盐2克
素清汤200毫升

料理工艺

1. 将台蘑泡水洗净放入汤盅，黑芸豆泡发后放入汤盅。
2. 将干石斛和鲜石斛剪成小段放入汤盅，加素清汤和竹盐一起炖2小时即可。

美味品鉴

先品汤，带有微清甜的余味。再吃鲜美的台蘑。

椒麻汁煎焗白灵菇

设计灵感　四川椒麻汁的味道总是让人思念，这次用煎焗的白灵菇来搭配椒麻汁相得益彰。

食材

白灵菇1颗（约300克）
鲜花椒50克
小葱200克
姜2克
藤椒油5毫升
白糖2克
黑松露2克
生粉10克
生抽2毫升
白兰地2毫升
白胡椒粉1克
白卤水1500毫升
花生油200毫升
盐3克

料理工艺

1. 白灵菇用白卤水煮熟后切片，用白胡椒粉、白兰地、生抽腌制10分钟，拍上生粉，放入锅中，煎至两面金黄上色即可。
2. 将姜、切碎的小葱和去籽的鲜花椒放一起，用热油泼香，放入料理机中打成酱，放入盐、藤椒油、白糖拌匀成椒麻汁。
3. 将白灵菇放入盘中配上椒麻汁。撒上黑松露丝和小葱丝装盘即可。

美味品鉴

将白灵菇用刀叉切成小块，蘸上椒麻汁入口，软弹有质感，回味鲜麻清新。

脆香慈姑片

设计灵感 薯片的香脆很是让人喜欢，以此为灵感，我们在这个季节用慈姑来做一道脆香慈姑片。

食材

长慈姑1个（约30克）
脆炸粉20克
薄荷叶5克
沙拉酱20克
柠檬汁2毫升
小时蔬苗少许
盐2克
糖5克
蛋黄1个
炼乳2克

料理工艺

1. 将长慈姑切片焯水，取出用水冲去苦涩味。
2. 将盐、糖加水放入锅中，再放入慈姑片煮熟，取出用毛巾吸干水分，放入烘干机中，用48℃烘6小时至香脆。
3. 将薄荷叶焯水后冰镇，放入料理机打成酱，取出加炼乳、沙拉酱、柠檬汁拌匀成薄荷沙拉酱。
4. 将蛋黄和脆炸粉调匀成脆皮糊，慈姑裹上脆皮糊放入锅中，炸至表皮酥脆金黄取出，用吸油纸吸掉多余的油。
5. 在慈姑上面挤上薄荷沙拉酱，再放上小时蔬苗点缀即可。

【知识百科】
慈姑含有较高的营养价值，富含淀粉、蛋白质、糖类、无机盐、维生素B以及胰蛋白酶等多种营养成分。慈姑含有秋水仙碱等多种生物碱，有解毒消痈的作用。慈姑所含的水分及其他有效成分，具有清肺散热、润肺止咳的作用。

美味品鉴
夹起慈姑脆片入口品尝，酥脆香尽然入嘴。

盐焗叫花菌

设计灵感 | 烹饪灵感来自江南叫花鸡的烹饪方法，将泥土换成食盐，用盐层的加热去把食材焗熟，既保留了食材的香味与水分，又多了一分焗烤的焦香。

食材

食材1

黄牛肝菌1颗（约30克）
龙爪菌8克
鲜灰树花10克
白玉菇、鲜冬菇各5克
青红线椒各5克
芹菜5克
香菜3克
老姜2克
素黄油8克
盐0.5克
蘑菇精1克
糖0.5克
酱油1毫升
孜然粉0.3克
白胡椒粉0.2克
五香粉0.2克
干荷叶1张
锡纸1张
朗姆酒20毫升

食材2

食用盐750克
蛋清2个
竹炭粉1克
八角1颗

料理工艺

1. 将黄牛肝菌、龙爪菌、鲜灰树花、白玉菇和鲜冬菇洗净改刀焯水，锅烧热放入素黄油，下入食材煎至表面微焦黄，放老姜、青红线椒、芹菜炒香，再放入食材1中余下调味料炒香翻匀取出，倒在洗干净的荷叶上，放上香菜包裹折叠好。
2. 盐焗调法：将食材2中的食用盐加入蛋清、竹炭粉、八角拌匀成竹炭盐（太湿加少许盐，调成能捏紧不散的状态）。
3. 将包好食材的荷叶再包一层锡纸，用调好的竹炭盐将锡纸包裹住，堆出景山的形状。然后放入烤箱用上下火280℃烤12分钟焗熟。
4. 取出后装盘上菜时倒入朗姆酒点燃即可。

美味品鉴

用小木槌敲开盐层，轻轻剥开锡纸荷叶，打开的瞬间香气四溢，然后入口品鉴。

先有鸡先有蛋

设计灵感 到底是先有鸡还是先有蛋，这个问题一直困扰到现在，以此为灵感来呈现此菜品。

食材

糯米粉500克
细砂糖150克
澄面150克
莲蓉馅100克
粉丝5克
椰子油150毫升
瓜子仁2粒
黑芝麻2粒
芒果胶囊1个
苹果醋5毫升
油500毫升

料理工艺

1. 将糯米粉加细砂糖放入搅拌机，边加水边和面，加入开水烫熟后的澄面和椰子油搅拌均匀冷藏成外皮。
2. 取出外皮将揉匀后的莲蓉馅包裹好，捏出小鸡仔形状，眼睛和嘴巴用瓜子仁和黑芝麻点缀好，放入170℃的炸炉中炸10分钟即可。
3. 鸡蛋壳用开蛋器打开，用苹果醋洗干净后，将芒果胶囊放进去即可。
4. 将粉丝放入锅，高温油炸至膨化后捞出垫底，放上炸好的“小鸡仔”和芒果胶囊即可。

美味品鉴

先吃小鸡仔造型的点心，再拿起蛋壳吃里面的芒果胶囊。

糯米糖藕

设计灵感　此道菜品的灵感来源于《随园食单》中记载的糯米糖藕。

食材

七孔莲藕600克
糯米25克
红曲粉30克
冰糖300克
艾素糖20克
红枣8粒
酸梅10颗

料理工艺

1. 将糯米泡水3小时，沥干水分备用。
2. 将莲藕刮去表皮洗净，切去莲藕的一头做盖，将糯米塞入藕孔。
3. 将莲藕放入高压锅中，加水、冰糖、红枣、红曲粉大火煮30分钟，将莲藕取出放凉，切片，放入盘中。
4. 锅内倒入煮莲藕的汤汁，加入酸梅，熬5分钟，煮开淋在盘中的莲藕上即可。
5. 将艾素糖放入锅中熬化后冷却至80℃，用勺子盛起举高甩成艾素糖丝，放在莲藕上装饰即可。

美味品鉴

细如银发的糖丝在糯米藕上，食用时将糖丝与藕一同入嘴，多了一丝趣味。

水煮三鲜

设计灵感 “枯山水”顾名思义就是干枯的山和水，没有真山也没有真水，以沙代水，以石代山，有时也会在沙子的表面画上纹路来表现水的流动。
它是一种减法设计，主张少而简。让你舍弃重叠在表相之上的诸多幻象，专注于体会其中的意境。

食材

杏鲍菇50克
玉兰笋30克
青笋片20克
蒜苗50克
香菜叶2克
豆瓣酱20克
花生油20毫升
川盐4克
蘑菇精1克
酱油4毫升
绍酒5毫升
湿淀粉2克
干辣椒15克
干花椒5克
素汤500毫升
姜葱各2克
辣椒面2克

料理工艺

1. 锅内放入少许油，下干辣椒、干花椒，小火炒香脆，取出放凉用刀压碎成刀口辣椒。
2. 锅入油，下豆瓣酱、姜、葱炒香，下辣椒面炒出色，放入素汤、川盐、酱油、绍酒和蘑菇精调味，放入焯水的杏鲍菇、玉兰笋和青笋片，煮熟勾芡即可。
3. 将蒜苗放入碗底，然后把煮好的食材连汤放入碗中，上面撒刀口辣椒，淋少许热油，放少许香菜叶装饰。

美味品鉴

先观其意境，再入口品鉴，麻辣、鲜香、嫩滑与这个季节互补。

黑松露干巴菌焗饭

设计灵感　此菜品来自广式煲仔饭的烹饪手法，食材换成各类珍贵菌菇，感受满满的一煲森林的味道。

食材

五常大米100克
牛肝菌10克
冬菇10克
干巴菌25克
胡萝卜10克
金针菇5克
菜心粒10克
蛋黄1个
黑松露酱2克
黑松露油1毫升
花生油25毫升
生抽5毫升
盐1克
菌皇酱30克
芹菜末20克
黑松露2颗
煲仔汁8克

料理工艺

1. 将牛肝菌、冬菇、干巴菌、金针菇改刀切粒，过油炸至金黄。
2. 将大米蒸熟放冷，用蛋黄拌匀。
3. 将胡萝卜切粒，和菜心粒一起焯水。
4. 热锅冷油下米饭炒香，下炸好的食材、黑松露酱和胡萝卜菜心粒一起炒，加入生抽和盐调味，取出放入砂锅中，开小火烧8分钟，淋入黑松露油即可。
5. 上桌时，打开砂锅，淋入煲仔汁，将菌皇酱和芹菜末倒入砂锅中，然后将黑松露用刨刀刨成片撒在饭上即可。

煲仔汁制法

食材：洋葱片25克，葱25克，元茜25克，柱候酱5克，素蚝油5克，酱油15毫升，生抽200毫升，水380毫升，冰糖4克，蘑菇精5克，花生油10毫升。
做法：锅入花生油，下洋葱片炒香，再下所有调料小火煮15分钟，去料渣后即成煲仔汁。

【知识百科】
干巴菌是云南珍稀野生食用菌类，近几年在湖北宜昌西北山区也有发现，学名干巴草菌，也称对花菌、马车菌。产于七八月雨季，味道鲜香无比，是野生食用菌中的上品。

美味品鉴

将砂锅打开淋入煲仔汁，放上菌菇酱与芹菜末，再刨上黑松露，拌匀后分碗，然后入口品鉴感受这一口来自森林的味道。

何首乌核桃汤

设计灵感　从小村里就有老人家去山上挖何首乌回来泡酒喝，六十多岁了头发还是乌黑的，查阅书籍后，何首乌炖汤也养生，于是就创作了这道菜品。

食材

何首乌5克
山核桃3个
山药20克
去核红枣1个
姬松茸2根
矿盐2克
姜3克
素清汤300毫升

料理工艺

1. 将姬松茸泡发，山药去皮，何首乌洗净。
2. 所有食材放入汤盅，加素清汤后，加矿盐调味后蒸3小时即可。

美味品鉴

将炖盅里的汤品，倒入小杯中品鉴。

白萝卜浓汤

设计灵感 冬吃萝卜夏吃姜，跟着节气来养生。

食材

有机白萝卜100克
小奶芋10克
黑松露2克
黑松露油1毫升
盐2克
蘑菇精1克
素清汤300毫升

料理工艺

1. 将白萝卜去皮切成二粗条，小奶芋去皮切块，与白萝卜一起蒸软。
2. 取三分之二的白萝卜与小奶芋加素清汤放入搅拌机打成汁。
3. 将打好的汁倒入锅中，加盐和蘑菇精调味，加入剩下切成丝的白萝卜一起煮2分钟，倒入盘中，放上黑松露片，滴入黑松露油即可。

美味品鉴

先品萝卜汤，丝滑浓稠带有芋香味，再吃软糯的萝卜。

松露焖笋配三鲜笋汤

设计灵感 冲破泥土，掀翻石块，克服了重重的困难，一个一个从泥土里冒出来的鲜冬笋，是一种能量。希望我们如笋一样克服生命中的种种困难。

食材

水果笋1根（约250克）
松露酱3克
鲜松露2克
豆腐1块
芹菜末1克
素高汤200毫升
盐2克
酱油12毫升
白糖20克
蘑菇精1克
香油15毫升
生姜2克
大豆油18毫升
葱白2克
淀粉1克

料理工艺

1. 将水果笋切开，取笋肉10克切成笋丝，剩余笋肉改刀成块，笋壳备用；豆腐切丝。
2. 将笋块放入五成热的油锅中，浸炸1分钟后捞出。
3. 锅内留油，放入葱白与姜丝炒香，加入素高汤与酱油、白糖调味，大火烧开，转小火至汤汁微干，放松露酱，勾芡淋香油起锅。
4. 将笋丝与豆腐丝焯水捞出，锅入油放姜丝炒香，加素高汤，放笋丝、豆腐大火煮开，转小火煮3分钟加盐和蘑菇精调味出锅，放入竹杯中，撒上芹菜末即可。
5. 将焖好的笋块，放入笋壳内，撒上松露丝，配上笋汤即可。

美味品鉴
先品松露油焖笋，再品笋汤。

清汤时蔬四喜饺子

设计灵感　冬至吃饺子，每一个饺子都装着不同的食材，可以感受多重味道，而且饺子的四个角也分别代表了福、禄、寿、喜，寓意喜庆吉祥。

食材

菠菜250克
低筋面粉300克
高筋面粉200克
杏鲍菇50克
牛肝菌20克
金针菇25克
玉米5克
胡萝卜5克
马蹄5克
松子3克
黑松露酱3克
素清汤20毫升

料理工艺

1. 将杏鲍菇煮熟后切粒，牛肝菌与金针菇切节炸至金黄，胡萝卜、玉米、马蹄焯水备用。
2. 将菠菜焯水放入料理机中打成菠菜汁，过滤后取菠菜汁260毫升，将高筋面粉和低筋面粉加菠菜汁拌匀和成面团，用压面机压成菠菜饺子皮。
3. 将杏鲍菇与牛肝菌、金针菇、胡萝卜、马蹄拌成馅料备用。
4. 将馅料放入菠菜饺子皮上包好，在4个角上面分别放上玉米粒、胡萝卜粒、马蹄、松子，中间放上调好味的黑松露酱，放入蒸柜中蒸6分钟取出，淋入素清汤即可。

美味品鉴

一口入嘴品鉴，满是祝福与吉祥。

玛卡能量汤

设计灵感　玛卡是近年来流行的食材，原产于南美洲，其富含高单位营养素，对人体有滋补强身的功用。这里用来制成汤品。

食材

云南黑玛卡10克
铁根山药25克
黑芸豆10克
虫草花5克
姬松茸2根
矿盐2克
素清汤200毫升

料理工艺

1. 将云南黑玛卡、虫草花、姬松茸和黑芸豆泡水洗涤备用，山药去皮切成小节。
2. 将菌菇放入汤盅，加入山药和黑芸豆，加矿盐调味，加素清汤放进蒸柜蒸2小时即可。

美味品鉴

将蒸好的玛卡汤分入小杯中品鉴。

老树槎牙溪侧径，枯枝倒挂池边亭

九制陈皮菌

设计灵感 | 香、甜、辣这些太令舌尖欢喜的味道，不一定印在心头上，相反，一些清香温暖的滋味更疗愈人心，譬如，陈皮的香味。在广东吃过一道九制陈皮骨，味道令我难忘怀，现如今做素食推广，便研发出了这道九制陈皮菌。

食材

甘草2克
陈皮20克
马蹄5克
猴头菇500克
莲藕100克
芒果5克
色拉油200毫升
糖10克
蘑菇精5克
黏米粉50克
糯米粉3克
生粉10克
盐2克
话梅粉5克
干荷叶1张
鸡蛋2枚
老姜2克
五香粉0.2克
水18毫升

料理工艺

1. 取陈皮8克与水3毫升蒸30分钟，另取陈皮10克打成陈皮粉备用。
2. 将猴头菇煮水去除苦涩味，挤干水分，切成小块，放入鸡蛋与老姜片腌制30分钟，然后在猴头菇中再戳一个小孔，将切好的莲藕条放入猴头菇中，与蒸好的陈皮水和陈皮粉加入糖、蘑菇精、生粉、黏米粉、糯米粉、盐和五香粉一起拌匀，腌制1小时。
3. 锅内放入油，烧至六成热，放入腌好的猴头菇，炸至金黄取出控油成陈皮菌，用荷叶包住放入竹篱中用绳子系住。
4. 取陈皮2克与甘草用开水15毫升冲一杯陈皮甘草茶配上，陈皮粉与话梅粉拌匀放在小碟上配芒果与马蹄。

美味品鉴

将竹篱解开，剥开荷叶夹一块陈皮菌蘸旁边的陈皮话梅粉入口品鉴，再喝一口甘草陈皮茶，清香温暖。

红糟白灵菇

设计灵感　在福建福州工作的那些年，对当地的红糟菜品也是很喜爱，红糟是福建当地人自酿的一种红曲酒的酒糟，具有独特的香味以及天然的红色色泽，富有丰富的营养。更是难能可贵的天然红色素，是珍贵的美味健康天然食品。

食材

食材1

白灵菇1个
罗马生菜叶2片
竹荪2根
芹菜5克
淀粉1克

食材2

红糟500克
陈年花雕800毫升
八角3颗
桂皮20克
陈皮10克
花椒10克
香菇20克
豆蔻10克
山柰6克
香叶6克
丁香3克
香菜籽5克
砂仁3克
姜20克
罗汉果1克
芹果1克
香菜茎1根
水200毫升
盐15克

料理工艺

1. 将白灵菇洗干净，切成长方形状。
2. 将竹荪泡水洗干净然后焯水，与芹菜一起炒成馅料。
3. 取一片罗马生菜叶焯水，包好馅料成锥形。
4. 另取一片罗马生菜叶用波浪刀切成三角形盖在竹荪蔬菜条上。
5. 将食材2中的全部食材放入锅中蒸20分钟，再放入白灵菇，半小时后取出放入盘中，取一点卤汁勾芡后挤入盘中装饰。

美味品鉴

将白灵菇用刀叉切小块蘸少许卤汁一同入嘴品鉴，感受食材酒糟的香，再吃生菜时蔬卷。

雨花石汤圆

设计灵感

雨花石的来历，往往会听到这样的故事：南朝梁武帝时，有个叫云光的高僧在南京市石子岗（今雨花台）设坛讲经说法，感动上苍，为之雨花，落地后便幻成了五彩缤纷的雨花石，后人将讲经处称为雨花台。还有不少散见于史料中的诗文称：雨花石为女娲补天的遗石。以汤圆作为载体来讲述历史故事。

食材

糯米粉90克
清水80毫升
抹茶粉少许
竹炭粉少许
可可粉少许
澄面10克
白糖10克
红糖10克
黑芝麻粉10克
松子10克
核桃10克
椰子油少许
红桂花3克

料理工艺

1. 将糯米粉加澄面、清水搅拌分成三份，分别加入抹茶粉、可可粉、竹炭粉揉成三种颜色的面团，分别切成条形，扭成花状，擀成皮。
2. 将黑芝麻粉加红糖、椰子油调成黑芝麻馅。
3. 将核桃加松子、白糖、椰子油调成坚果馅。
4. 将不同馅料包入不同颜色的皮中，包裹好后放入锅中，煮熟捞起点缀红桂花即可。

美味品鉴

用勺子盛起汤圆入口品鉴。

油焖慈姑拼玉兰色拉

设计灵感 | 呈现极简是对自己的重新塑造，极简可以有效地帮你过滤不重要的信息杂事，只留下最需要的，让有限的精力得以高效运转。以此为灵感创作本菜品。

食材

长慈姑1个（约30克）
玉兰菜2片
各类小时蔬苗20克
素清汤200毫升
白糖3克
生抽10毫升
红烧酱油5毫升
白胡椒粉1克
盐2克
老姜3克
柠檬汁2毫升
花生油500毫升
沙拉酱3克

料理工艺

1. 将慈姑切开焯水，然后冲去苦涩味。
2. 锅内放入油，下姜片、慈姑炒香，再下素清汤、生抽、白糖、盐、红烧酱油、白胡椒粉调味，小火煮20分钟收汁。
3. 将玉兰菜叶子洗净用柠檬水（柠檬汁加水100毫升调制）浸泡备用。
4. 将各类小时蔬苗洗净放入玉兰菜叶中挤入沙拉酱拌匀即可。
5. 将烧好的慈姑与玉兰叶沙拉摆盘即可。

美味品鉴

食用时，先吃油焖慈姑口感粉糯，再品玉兰叶沙拉清新解腻。

菜饭

设计灵感 小寒时节做菜饭吃，是一种习俗与传承。

食材

冷白米饭50克
玉米粒15克
娃娃菜1片
蛋黄1个
菜心10克
盐2克
蘑菇精1克
菌菇酱3克

料理工艺

1. 将娃娃菜取叶子放入锅中煮软，吸干水分放入烘干机用48℃烘6小时，取出备用。
2. 将蛋黄放入米饭中拌匀，和切成粒的菜心、玉米粒一起放入锅中炒香，加盐和蘑菇精调味。起锅后用模具压成圆形，放入盘中，放上菌菇酱、白菜叶脆片即可。

先吃白菜叶脆片，感受蔬菜叶的香味，然后吃菜饭。

泡椒冬笋芽

设计灵感　在家里妈妈总是会泡上几大坛泡椒泡菜，那便是最好的调味品，冬天妈妈总会给我们做泡椒炒笋，那便是美味。

食材

冬笋1根（约100克）
魔芋20克
泡椒酱20克
泡椒冻5克
料酒2毫升
白胡椒粉2克

料理工艺

1. 将冬笋去壳，切成两块，焯水时加入料酒和白胡椒粉去涩味，捞出冰镇备用，魔芋切条焯水备用。
2. 将笋尖切片，笋壳洗净，笋壳底部垫上魔芋条，放上泡椒酱，再放上笋片，再放少许泡椒酱，将笋片放入蒸柜中蒸10分钟取出，放上泡椒冻即可。

泡椒酱与泡椒冻制法

食材：大青泡椒100克，小青泡椒10克，大红泡椒100克，小红泡椒10克，卡拉胶3克，水100毫升，素清汤200毫升，姜3克，蒜3克，糖2克，柠檬2克，盐2克，醋2毫升，蘑菇精2克。
做法：青红泡椒分别剁碎，姜、蒜切末。热锅下油，将青红泡椒下姜蒜末分别炒香，下素清汤煮开加余下的调味料调味收汁分别成泡青椒酱和泡红椒酱。将泡青椒酱分成两份，取一份去油取汁，加水煮开成泡椒汁，再加入卡拉胶煮开冷却凝固成泡椒冻。

美味品鉴

夹一块笋入嘴品鉴，泡椒的酸辣味和爽脆的笋搭配，是家乡的味道。

烤物玉锦

设计灵感 自然的风景有山林河流丘壑，美不胜收，想用食物堆砌出自然之美，把看见的风景转换成餐盘中的意境。

食材

青柠檬2个
杏鲍菇150克
甜菜根1个
茭白1根
牛奶15毫升
松子15克
牛油果1个
猴头菇20克
盐1克
孜然1克
橄榄油2毫升
山药100克
绿紫苏4张
海苔1片
咸蛋黄碎10克
黑松露酱2克
萝卜丝15克
脆皮糊20克
味噌4包（约880克）
酒酿5盒（约500克）
老抽12毫升
白糖220克
米酒半瓶（约250毫升）
白卤水1000毫升

料理工艺

1. 将味噌、酒酿、老抽、白糖和米酒全部拌匀成味增酱备用，取味增酱50克与改刀的杏鲍菇腌制6小时。
2. 将腌好的杏鲍菇放入烤箱中烤熟，微卷，包上切好的牛油果条，装在青柠檬壳中，放上松子成味增菌块。
3. 将山药蒸熟，加牛奶放入料理机中打成泥，加盐调匀备用。
4. 松子取10克烤焙打碎后与咸蛋黄碎拌匀成咸蛋黄酱。
5. 将海苔与绿紫苏叠好，挤入山药泥，再撒上咸蛋黄酱，卷好后挂上脆皮糊放入油锅中炸至金黄定型即可，中间切斜刀摆盘即可。
6. 茭白切丝与橄榄油、柠檬汁、盐拌匀，放入甜菜根壳中，点缀黑松露酱即可。
7. 将猴头菇放入白卤水中卤制40分钟，卤熟的猴头菇切块，放入锅中两面煎熟，再放盐与孜然调味，将萝卜丝摆成菊花状垫底，再放上猴头菇即可。
8. 以上四个元素组装成自然之景装盘呈现即可。

白卤水制法

食材：八角10克，桂皮5克，香叶3克，丁香1克，花椒5克，小茴香5克，白胡椒10克，香果1个，白蔻4克，陈皮3克，山柰5克，甘草3克，苹果2个（去核），良姜8克，香茅草3克，水15升。
做法：将食材一起洗净后，加水熬制2小时即可。

美味品鉴

从右到左依次品鉴，从海苔紫苏山药卷到甜菜根茭白再到卤制的菌菇粒，最后吃味增菌块。

菌皇佛跳墙

设计灵感　菌皇佛跳墙的起源悠久流长，据说唐宋年间一知名寺庙在山上香火很旺，寺庙有很多弟子与小和尚。而在山腰上住着一家农户，这天农户在山林间采集了各种食用菌菇，放在一个坛中一起炖制，然而炖的时间久了一股菌菇的香气随风飘到寺庙里，里面正在打坐定禅的小和尚闻到了香味，顿时无心修禅，心早已翻过庙墙去探索香味来源。

食材

食材1

黑虎掌菌5克
灰树花5克
猴头菇6克
羊肚菌1个
小花菇1个
姬松茸1根
牛肝菌15克
黑芸豆2颗
金耳6克
虫草花3克
竹荪3克
茶树菇3克
黑松露1克
盐2克
荷叶1张

食材2

胡萝卜2根（约300克）
马蹄10颗（约50克）
黄豆35克
玉米2根（约400克）
平菇200克
芹菜100克
海带100克
冬瓜500克
水2000毫升
淡竹叶15克

料理工艺

1. 将食材2中所有原料放入锅中熬2小时成素清汤。
2. 将食材1中的菌菇泡水洗干净，将所有菌菇食材放入锅中小火熬1小时成菌菇汤。
3. 将素清汤与菌菇汤按1：2的比例冲淡，倒入炖罐中，加入盐调味，分别把各种菌菇均匀地放在里面，加上黑芸豆，盖上荷叶入蒸柜蒸3小时即可。

美味品鉴

揭开盖子与封口荷叶，品各种食材相互交融的菌汤，食材也是味中有味，甚是美妙。

葱烧海茸筋

设计灵感 | 山峰耸入云端，溪流清澈见底。石壁色彩斑斓，交相辉映。青葱的林木，翠绿的竹丛，四季长存，将自然之色转换成盘中意境。

食材

大海茸2根
薏米15克
绿塔菜5克
菜心2根
生抽5毫升
老抽2毫升
盐2克
糖2克
葱油10克
白胡椒粉2克
料酒2毫升
素清汤20毫升
生粉2克
生姜2克
大葱2克

料理工艺

1. 将海茸洗净加料酒、生姜、大葱、白胡椒粉拌匀后放入蒸柜中蒸10分钟，蒸到微软取出，中间塞入菜心秆后成海茸筋。
2. 热锅下葱油8克、生姜和大葱炒香后下素清汤和海茸筋，加生抽、老抽、盐和糖调味后勾芡加葱油2克起锅。
3. 将薏米蒸熟下锅，用烧海茸筋余下的汁加入少许素清汤入味收干。
4. 将薏米垫底，上面放海茸筋，绿塔菜焯水后放旁边装饰即可。

【知识百科】
海茸是属于深海植物中最珍贵稀有的一员，由于海茸生长条件苛刻，目前仅智利南海沿岸未经过任何污染的海域中才能少量生长，海茸的生长周期为3年，5年以上的才能剥离出海茸芯，海茸属于世界性的开采资源，即使旺季，每年的生产量也才有150吨，产量极少，可有效地调节血液的酸碱度，改善皮肤色斑皱纹老化现象。

美味品鉴
食用时，先品海茸筋，葱香软糯有筋道，再品薏米与绿塔菜。

金龙献宝

设计灵感 食品雕刻是中华技艺文化的传承，我们应当肩负传承的责任。龙在中国传统文化中是权势、高贵、尊荣的象征，又是幸运与成功的标志。以此来祝福各位未来步步高升。

食材

羊肚菌2颗
鹰嘴豆20克
鸡头米50克
青豆20克
金瓜20克
百合15克
彩椒10克
玫瑰盐1克
蘑菇精1克
糖1克
橄榄油5毫升
姜2克
水20毫升
牛腿南瓜2个

料理工艺

1. 将鸡头米蒸熟至软弹，鹰嘴豆泡水后蒸熟，羊肚菌泡姜水（姜2克和水20毫升混合）后蒸熟，金瓜用小号挖球器挖出小球状，彩椒切粒备用。
2. 将所有食材焯水备用。
3. 锅烧热放入橄榄油再下所有食材炒匀加玫瑰盐、蘑菇精和糖调味。
4. 用牛腿南瓜手工雕刻成象形龙。
5. 将炒好的食材放入雕刻龙盛具中即可。

美味品鉴

用小勺盛起分到小碗中，入口后绵滑的鹰嘴豆、清脆的青豆与软弹的鸡头米一起在口腔中碰撞，感受食物多层次的味道。

甜菜根莲蓉红豆酥

设计灵感 | 不知为何在这个季节总会憧憬三月的桃花。没有桃花做桃花酥，就用甜菜根与红豆做。

食材

水皮甜菜根粉100克
高筋面粉250克
低筋面粉750克
鸡蛋1枚
起酥油30克
水250毫升
椰子油500毫升
糖30克
莲蓉红豆馅适量
白芝麻4克

料理工艺

1. 将水皮甜菜根粉、高筋面粉、低筋面粉250克、鸡蛋、起酥油和水拌匀放入搅拌机打出筋度在手中对折三下不易断的状态即可，整理成长方形水皮。
2. 将椰子油、低筋面粉500克和糖拌匀整理成长方形油皮。
3. 将油皮叠在水皮上，水皮把油皮完全包住成酥皮。
4. 用滚筒式大号擀面棒将酥皮轻轻擀成长方形，然后来回对叠再擀开，以此重复三次。
5. 将擀好的酥皮均匀地切成四个长条，依次叠好放入冰箱中冷藏2小时，取出斜切成片，将酥皮片擀薄，包入莲蓉红豆馅后成圆条形，底部粘白芝麻，放入170℃炸炉中炸3分钟，取出吸油摆盘。

美味品鉴

入口后表层酥香化渣，内馅绵软香滑。

泉近榴花深洞口，亭开狮子旧峰头

红烧狮子头

设计灵感　狮子头的美味大家都流连忘返。做素食研发后一次组合居然发现菌菇食材的美味也如此震撼，所以同样取名红烧狮子头。

食材

杏鲍菇150克
猴头菇200克
金针菇50克
马蹄50克
千张200克
老抽2毫升
沙拉酱2克
鹌鹑蛋1个
脆皮糊20克
清汤150毫升
姜、葱、蒜各6克
鸡蛋1.5枚
生粉30克
盐5克
蘑菇精5克
糖2克
生抽3毫升
干辣椒3克
水80毫升
色拉油30毫升
面粉10克
食用嫩豆苗3克

料理工艺

1. 将杏鲍菇、猴头菇和金针菇切碎加葱末调味，加鸡蛋、生粉拌匀放入蒸柜蒸10分钟。
2. 将千张切细丝，泡温盐水备用。
3. 将蒸好的菌菇碎拌匀，加入马蹄粒，菌菇用手搓成丸子状，中间包入去壳的鹌鹑蛋成菌菇丸子。
4. 将菌菇丸子放入脆皮糊中，包裹一层取出，裹上千张丝，放入锅中，炸至表皮金黄即成菌菇狮子头。
5. 锅内放姜、葱、蒜、干辣椒炒香，下入清汤、盐、糖、蘑菇精、生抽、老抽调味，下菌菇狮子头烧制2分钟，再煨制3分钟，收汁勾芡即可。
6. 脆片制作：将水、色拉油、面粉拌匀，取混合物25克放入半底锅中煎出网状，用模具扣好成圆形，放在红烧狮子头上，上面挤少许沙拉酱装饰，装饰食用嫩豆苗即可。

美味品鉴

先吃脆片香脆开胃，然后品菌菇狮子头，软弹紧致的质感让素食爱好者也可以有大快朵颐的感受。

绿蚁新醅酒，红泥小火炉

红咖喱烩时蔬菌

设计灵感 | 黄咖喱温和、百搭。白咖喱椰香、浓郁。青咖喱清爽。红咖喱辛辣、厚重。我想这个节气最适合红咖喱。

食材

珊瑚菌30克
小土豆20克
意面15克
小玉米芽1根
盐5克
红咖喱酱100克
洋葱50克
生姜30克
生抽10毫升
素清汤420毫升
椰浆100毫升
咖喱胆12克
香椒油8毫升
素黄油50克

料理工艺

1. 锅中下素黄油将洋葱炒香后，下红咖喱酱、生姜末、咖喱胆、香椒油一起炒香，加素清汤煮开后加椰浆，再下盐与生抽调味成咖喱汤。
2. 将珊瑚菌和土豆洗干净改刀成块状，焯水煮熟后加入调好的咖喱汤中，意面和小玉米芽沸水煮熟后放入咖喱汤中即可。

美味品鉴

入口后泰式红咖喱酱带有层次丰富、甘醇而圆浑的气味。

八宝饭

设计灵感 八宝饭是大寒节气的习俗食物，流行于全国各地，江南尤盛。糯米蒸熟，拌以糖、油、桂花，倒入装有红枣、莲子、桂圆肉等果料的器具内，蒸熟后再浇上糖卤汁即成。味道甜美，是节日和待客佳品。大寒节气吃八宝饭有健脾益气、养血安神的作用，适用于身体虚弱、倦怠乏力等气血两虚的人群。

食材

糯米150克
大红枣8粒
莲子8粒
花生8粒
葡萄干16粒
杏仁10克
瓜子仁10克
松子8克
红桂花酱10克
桂圆20克
椰子油20毫升
白糖20克
核桃仁2个

料理工艺

1. 将糯米泡水一晚后蒸40分钟左右，加入椰子油、白糖和莲子、花生、葡萄干、杏仁、瓜子仁、松子和桂圆一起拌匀成八宝饭馅。
2. 将大红枣切盖，去核挖空内馅填入八宝饭馅，再放入蒸柜蒸20分钟。取出点缀红桂花酱，放上核桃仁搭配装饰即可。

美味品鉴

一个大红枣包含了多样食材，一口品鉴软糯香甜，回味桂花清香。

巴蜀夫妻

设计灵感｜夫妻肺片本是四川名菜，美味在成都也是家喻户晓，这里取川味名菜的调制料做法，搭配植物素食食材。

食材

榆耳100克
杏鲍菇30克
莴笋30克
卤水500毫升
油酥花生米20克
姜、蒜各5克
红油辣子30克
花生酱3克
芝麻酱3克
香油5毫升
花椒油30毫升
盐2克
糖10克
蘑菇精20克
花椒面10克
十三香粉5克
酱油10毫升
香茅3克
老抽10毫升
素清汤30毫升

料理工艺

1. 将榆耳泡一晚改刀成小片，杏鲍菇切片炸至金黄和榆耳一起放在卤水中卤15分钟取出放入盘中。
2. 将油酥花生米压碎，莴笋切丝一起放入盘中搭配。
3. 所有调料调匀后装入试管中，拌入食材中即可。

美味品鉴

将试管中的调料汁淋在食材上，便可纵享麻辣。

干海茸丝

干金耳

干松茸片

干羊肚菌

干榆耳

石耳

黑牛肝菌

黄牛肝菌

虎掌菌

绣球菌

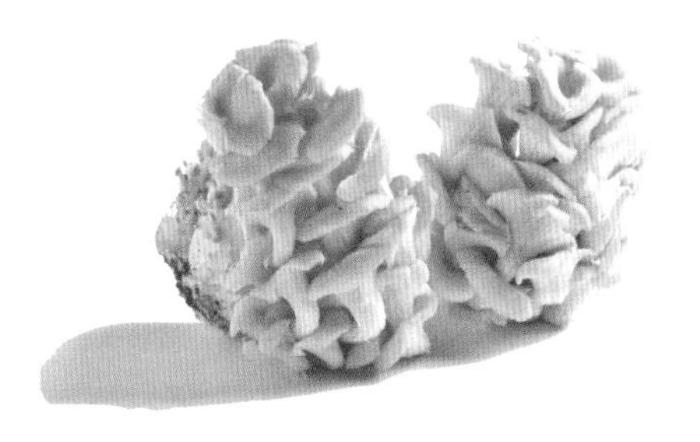

鸡油菌

龙爪菌

鹿茸菇

红菇

青海黄菇

海参菇

鲜猴头菇

鲜灰树花

姬松茸

黑松露

一级干竹荪

鲜金耳

鸡头米

兰州九年百合

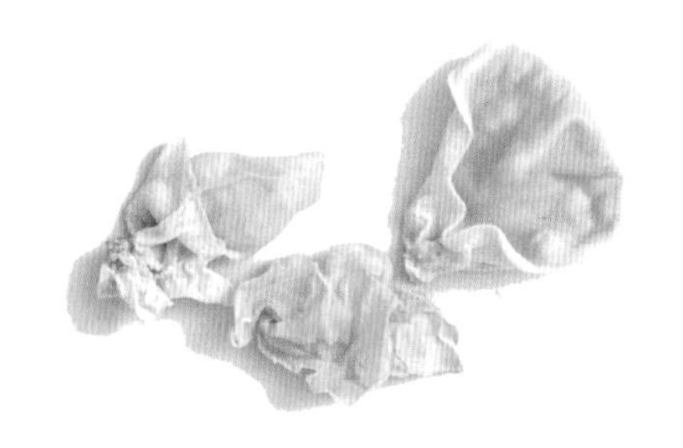

竹耳

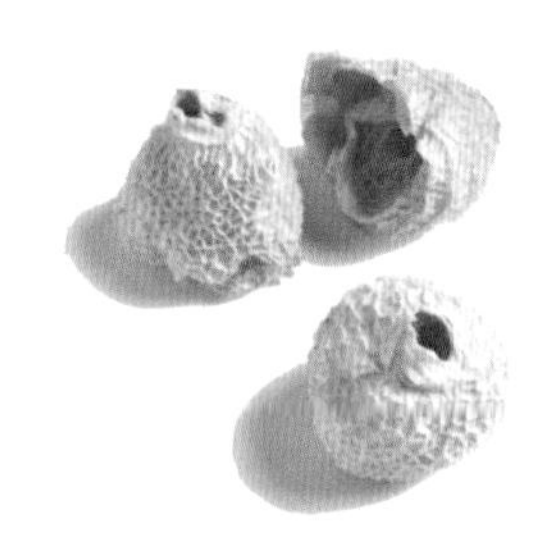

竹毛肚

竹荪蛋